彩图青少版

中国科技通史

江晓原 主编

四大发明与
天学、地学

CAITU QINGSHAOBAN
ZHONGGUO KEJI TONGSHI

SI DA FAMING YU TIANXUE DIXUE

接力出版社
Publishing House

图书在版编目（CIP）数据

彩图青少版中国科技通史. 四大发明与天学、地学 / 江晓原主编. —南宁：接力出版社，2019.12
ISBN 978-7-5448-6241-7

Ⅰ.①彩…　Ⅱ.①江…　Ⅲ.①科学技术–技术史–中国–青少年读物
Ⅳ.①N092–49

中国版本图书馆CIP数据核字（2019）第177245号

责任编辑：陈　邕　刘佳娣　　美术编辑：许继云
责任校对：张琦锋　责任监印：刘　冬
社长：黄　俭　总编辑：白　冰
出版发行：接力出版社　　社址：广西南宁市园湖南路9号　　邮编：530022
电话：010-65546561（发行部）　　传真：010-65545210（发行部）
http://www.jielibj.com　　E-mail: jieli@jielibook.com
经销：新华书店　　印制：北京尚唐印刷包装有限公司
开本：710毫米×1000毫米　1/16　　印张：8.5　　字数：125千字
版次：2019年12月第1版　　印次：2019年12月第1次印刷
印数：00 001—12 000册　　定价：39.80元
审图号：GS（2019）5461号
本书中的所有图片由朝阳春秋图像设计有限公司提供

前言

关于中国科学技术通史类的普及读物，一直是各出版社很想做又不容易做好的图书品种之一。原因也很明显，一是理想的作者难觅，二是通俗的文本难写。先前有多家出版社希望我来牵头编写一部这样的读物，我一直视为畏途，久久不敢答应。

另一方面，"高大上"的学术文本则是我向来熟悉的。2016年初，我担任总主编的《中国科学技术通史》（五卷本）出版。此书邀请了国内外数十位著名学者参加撰写，作者队伍包括国际科学史与科学哲学联合会时任主席、中国科学院著名院士、中国科学技术史学会两任理事长、英国剑桥李约瑟研究所时任所长、中国科学院自然科学史研究所两任所长等，阵容堪称极度豪华。出版之后，引起多方强烈关注。

接力出版社是先前希望我牵头编写中国科学技术通史类普及读物的出版社之一，但和其他出版社不同，接力出版社以极大的耐心、游说、敦请、启发、鼓励，终于在等待了两年之久后，成功地让我答应来尝试做一部这样的书。

这对我来说是一次全新的冒险，但我也能从先前的经验中找到借鉴。

方法之一是"找对作者"。本套书由四男四女八位博士——毛丹、胡晗、潘钺、吕鹏、张楠、李月白、王曙光、靳志佳共同执笔撰写，其中七位是上海交通大学科学史与科学文化研究院当时的在读博士，另一位是这七位博士中一位的先生，妇唱夫随，就和太太一起为本书效劳了，也是一段小小佳话。其中毛丹博士（如今他和吕鹏都已经成为上海交通大学科学史与科学文化研究院的助理教授）作为工作组的召集人，出力尤多。这八位博士都是我选择的优秀作者，他们出色完成了写作任务。

方法之二是"搞对文本"。我们在和出版社多次沟通、修改之后，确定了文本的知识水准、行文风格等技术要求。从习惯写学术文本到能够写成比较理想的通俗文本，殊非易事，博士们也顺便经历了一番学习过程。

前前后后经过数年努力，参加撰写的博士们大都毕业了，本书的工作只是他们学术生涯中的小小插曲。现在这套"彩图青少版中国科技通史"即将付梓，毁誉悉听读者矣。

江晓原
于上海交通大学科学史与科学文化研究院

目　录

彩图青少版中国科技通史

第二章　仰观天文：中国古代天学

第三章　俯察地理：中国古代地学

彩图青少版中国科技通史

第 一 章

"四大发明"：
华夏悠久文明的见证

在长达数千年的人类文明历史画卷里，王朝的兴衰、帝王的更替、王侯将相的命运沉浮是最为引人注目的，但构成人类文明史最为基本内容的，却是物质生活条件的持续改善和人类对于自然的不懈探索与研究。随着岁月的流逝，昔日的宫殿城堡大都已化为灰烬，昔日的赫赫战功也大都烟消云散。"铅华褪尽留本色，大浪淘沙始见金"，支撑每一时代人类物质生活方式的技艺世代传承，反映人类对自然界知识增进的科学理论历久弥新。推动历史前进的革命力量——科学与技术，以及创造历史的关键角色——科学家、发明家、工程师、医学家、工匠们，也逐渐进入人们关注的视野，成为史学研究的重要对象。正

如美国著名科学史家乔治·萨顿所说："科学的历史虽然只是人类历史的一小部分，但却是本质的部分，是唯一能够解释人类社会的进步的那一部分。"

中华民族的科技活动有着悠久的历史，曾经为人类发展做出过巨大的贡献。中国古代在天文历法、数学、农学、医学、地理学等众多科技领域取得了举世瞩目的成就。据英国学者罗伯特·坦普尔在1986年撰写出版的《中国——发明和发现的国度》一书统计，现代世界赖以建立的300项基本的发明创造中，中国占173项，远远超过同时代的欧洲。通过这些伟大的发明，坦普尔说："如果诺贝尔奖在中国古代就已设立，各项奖金的得主，就会毫无争议地大都属于中国人。"

在浩若繁星的中国古代发明创造中，"四大发明"——造纸术、印刷术、火药和指南针无疑是其中最璀璨耀眼的那几颗。中国是世界四大文明古国之一，其中一个最重要的标志，就是中国古代的"四大发明"。提到中国古代的科学技术，人们首先想到的是"四大发明"，它们是我们中华民族奉献给世界的伟大技术成果，极大地推动了世界科技和文明的进步，让国人引以为傲。

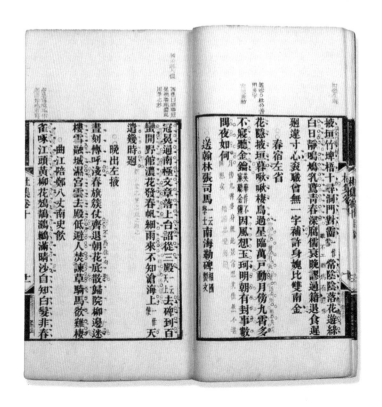

◆ 《杜工部集》用六色套印，是中国古代使用色彩最多的彩色套印刻本书籍

造纸术：开启人类书写新纪元

1. 人类最初用什么写字

在文明的火种出现之始，人类就不断寻找书写纪事的材料。在纸张出现之前，中国古人使用过的书写纪事材料有甲骨、金石，以及用竹片或木片做成的简牍，丝绢制成的缣帛等。然而，这些都不是最理想的书写材料。甲骨、金石属于重型硬质材料，体积大，不利于保管和携带。用竹、木制成的简牍是纸张发明之前使用最多的书写材料，然而随着时间的推移与文献量的增加，简牍的体积及重量也变得让人无法承受。由于每片竹简所容纳的字不多，如果将1万字写在竹简上，大概需要用400片。历史记载，战国时期有位学者叫惠施，"学富五车"，便是指惠施书读得多，他读的书可以装下五辆车。这里的五车不是实指，而是用来形容读的书数量很多，

◆ "韦编三绝"说的是孔子读书勤奋，把穿连竹简的皮条都翻断了多次

学问渊博的意思。丝绢做成的"纸"轻薄柔软，便于携带和书写，然而它最大的缺点便是造价高，普通人用不起。

◆　战国时代的《楚帛书》，它是记录楚国神话、历史、宗教、天文和占星术的楚文化经典之作。《楚帛书》是 1942 年在湖南长沙子弹库楚墓中盗掘出土的，后来流入美国，现藏于美国华盛顿弗利尔－赛克勒美术馆

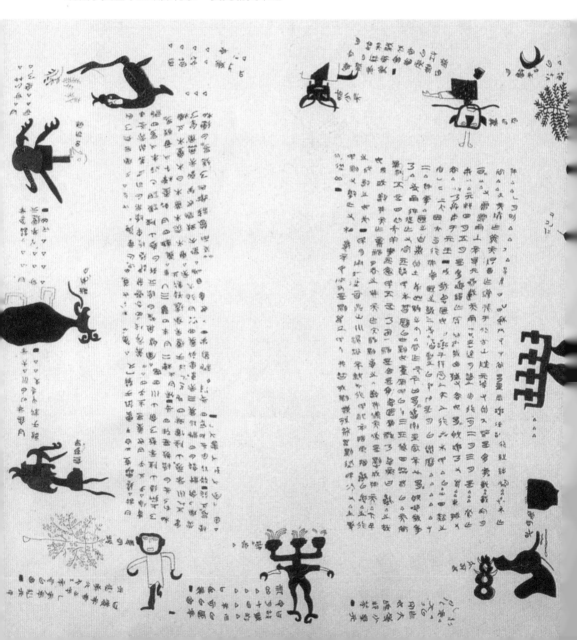

2. 造纸术是如何发明的

到了东汉，一种比前面提到的几种都更优越的书写材料被发明出来，那就是接近于现代意义上的"纸"，它是东汉时期的蔡伦发明的。据《后

◆　蔡伦首次用树皮、绳头、破布、旧渔网等作为原料进行造纸

汉书》记载，蔡伦使用树皮、绳头、破布及旧渔网作为造纸原料，代替了昂贵的丝帛纸和沉重的竹简。这种纸光滑洁白，受到了皇帝的赞许，于是便在天下广泛流传开来，人们称它为"蔡侯纸"。

当时的造纸工艺大概可以分为以下步骤。

原料的预处理。将旧渔网、破布等原料切碎，并用草木灰水浸湿。

蒸煮、捣料与洗涤。通过蒸煮及反复多次的捣料与洗涤，进一步将原料打散打烂，将旧渔网的网结击碎。

◆ 造纸生产过程示意图

配浆与抄造。就是将捣好的材料配成纸浆，并将纸浆均匀地铺在抄纸网上。

干燥。把湿纸晒干，揭下，纸张就做成了。

与其他书写材料相比，蔡伦发明的"蔡侯纸"具有如下显著的优点。

第一，表面平滑、洁白，适合软笔和硬笔及多种颜色的笔书写。

第二，重量轻、容字多，方便收藏携带。

第三，柔软耐折，且可以裁剪拼接，既能写字又能作画，还可以做包装、印刷材料，有多种使用功能。

第四，寿命较长，保存得当的前提下可以流传上千年。

第五，造价低廉，造纸的材料不局限于一地一处，世界任何地方都可以就地制造。

蔡伦的"蔡侯纸"是怎样造出来的

蔡伦（约62—121），字敬仲，东汉桂阳郡（今湖南郴州）人。汉明帝永平末年(75年)被选进宫中任职。汉章帝章和二年(88年)，因为为太后立功，蔡伦被升为中常侍，之后又担任尚方令，主管宫廷御用器物的制造。当时蔡伦的手下集中了天下的能工巧匠，而他在工程技术方面的过人天资，也在这个岗位上得到很好的展现。蔡伦监督制作皇宫专用的剑器以及各种器械，全都精密牢固，方法被后世效仿。

自古书籍大多是用竹简编成的，用来写字的绸缎布匹叫作纸。绸缎太贵，竹简太重，都很不方便使用。蔡伦经过思考后，挑选出树皮、绳头、破布、旧渔网等，让工匠们把它们剪断、切碎，放在一个大水池中浸泡。过了一段时间后，其中的杂物烂掉了，而纤维不易腐烂，就被保留了下来。他再让工匠们把排除杂物的原料捞起，放入石臼中搅拌，直到它们成为浆状物，然后再用竹篾把这黏糊糊的东西挑起来，等干燥后揭下来就成了纸。

◆ 蔡伦像

汉和帝元兴元年（105年），蔡伦将造纸的方法写成奏折，连同纸张呈献给汉和帝。因为这种纸轻薄柔韧，取材容易，价格便宜，汉和帝便下令推广使用，人们因此把这种纸亲切地称为"蔡侯纸"。

蔡伦的造纸术被列为中国古代四大发明之一，他对人类文化的传播和世界文明的进步做出了杰出的贡献，蔡伦也被纸工奉为"造纸鼻祖"或"纸神"。美国著名学者麦克·哈特在他的《影响人类历史进程的100名人排行榜》（英文版首版于1978年出版，新版于1992年出版）一书中，将蔡伦排在第七位，在中国的名人当中，排名仅次于春秋时期的孔子。麦克·哈特指出："今天，纸张成了我们司空见惯的东西，我们很难想象，如果没有纸，世界将会怎样。"2007年，美国《时代周刊》公布的"有史以来的最佳发明家"中，蔡伦名列第五位。作为中国辉煌灿烂的历史文化代表之一，2008年北京奥运会开幕式，特别展示了蔡伦发明的造纸术。

◆ 东汉"蔡侯纸"

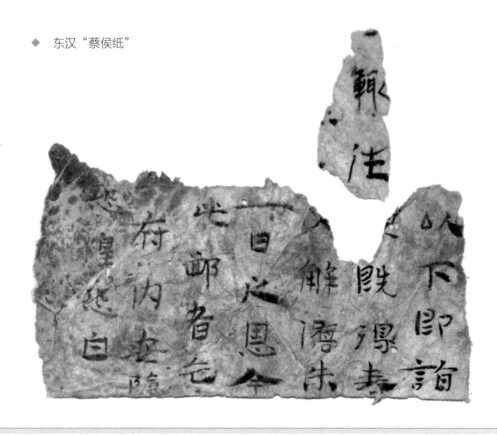

3. 造纸术发明者是谁

据现代学者考证，蔡伦应该并不是纸的发明人。1957年，在西安灞桥出土了一种纸，被称为"灞桥纸"，这种纸是西汉时期的产物，比东汉蔡伦所造的纸更早，而蔡伦的贡献在于主持改进了当时的造纸技术，让造纸的流程和方式更加规范。即使如此，蔡伦的功绩也是不可磨灭的，正是通过他的改进，人类才造出了接近现代意义上的纸。

◆　陕西西安发现的公元前2世纪的灞桥纸

也有人提出，造纸术的发明权应当归属埃及。埃及的纸莎草纸早在公元前3000年就有了，比中国东汉蔡伦发明造纸术早更多，即使中国出土了"灞桥纸"，证明造纸术在西汉时期便已经存在，也远远无法与埃及纸莎草纸的古老程度相比。更何况，直到今天，世界各大博物馆中依然收藏着许多纸莎草纸的作品，上面有鲜艳的文字和绘画，这足以说明埃及纸莎草纸在许多方面是不逊于中国纸的。

但是为什么史学界依然公认中国拥有造纸术的发明权呢？那是因为埃及的纸莎草纸有一个明显的缺点，它的制作材料只能用产自尼罗河的纸莎草的茎制成，没有替代品，无法在世界各地推广。欧洲各国长期从埃及进口纸莎草纸，价格高昂。而经蔡伦改造过的中国纸，造纸材料非常普遍，世界各地都可以就地制造，因而便宜的中国纸很快代替了纸莎草纸。

价格低廉、材料普遍易得是造纸术之所以伟大的核心。要知道，价格高昂的书写材料一直都存在，中国早在"蔡侯纸"发明之前便有丝帛制成

◆ 图1、图2、图3分别为以色列境内发现的《死海古卷》羊皮纸残片、古埃及纸莎草纸、甘肃敦煌发现的西汉马圈湾纸

图1

图2

图3

的纸，由于价格高昂，普通人使用不起，因此有"贫不及素"（意思是穷人用不起昂贵的绢帛作为书写材料）的说法。造纸术之所以能成为影响世界的发明，就在于它把造纸的成本降了下来，普通人也可以随意使用和拥有书籍，正因如此，才加速了世界范围内文化的传承和传播。所以，在谁拥有造纸术的发明权方面，中国纸依然具有明显的优势。

4. 中国纸是怎么取代西方羊皮纸的

纸的发明促进了知识的记载和传承，在一定程度上加速了人类文明发展的进程。在中国造纸术西传过程中，还爆发了一场"怛罗斯（今哈萨克斯坦的江布尔）之战"，怛罗斯当时在唐朝与阿拉伯地区的大食国（阿拉伯帝国）中间。751 年，唐朝的安西节度使高仙芝率领唐与中亚石国的联军，被伊本·卡利率领的大食国军队打败，2 万唐军将士被俘。被俘的人中有一些造纸的工匠，他们受到了大食国的重用，中国造纸术由此直接传向阿拉伯地区。从 8 世纪开始，造纸业

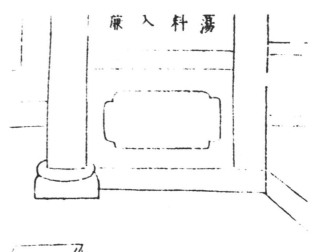

◆ 荡料入帘。竹纸是南方制造的，竹笋生出后，即将长出竹叶的嫩竹是上等的造纸原料。一般在芒种时登山伐竹，截成五到七尺，就地开塘，灌水漂浸，过一百天后就加以槌洗，然后通过蒸煮做成纸浆，这充分显示了我国古代劳动人民在造纸业上的智能。此图出自明代末年宋应星的《天工开物》

首先在撒马尔罕（乌兹别克斯坦撒马尔罕是中亚最古老的城市之一，丝绸之路上重要的枢纽城市）地区发展。接着，在阿拉伯帝国的都城缚达城（今伊拉克巴格达）也开设了有中国工匠的造纸厂，西亚的哈里发政权所统治的地域成为继汉朝之后明令用纸张书写公文的地区。纸的需求量急剧上升，促成西亚的第一次造纸浪潮。

◆ 唐代粟特文摩尼教徒古纸信札，新疆吐鲁番市柏孜克里克石窟出土。此信由九张纸粘贴连接成长卷，现存墨书粟特文 135 行，在接缝处盖有朱色印鉴，中间是一幅工笔重彩的彩插伎乐图，有一行金字标题

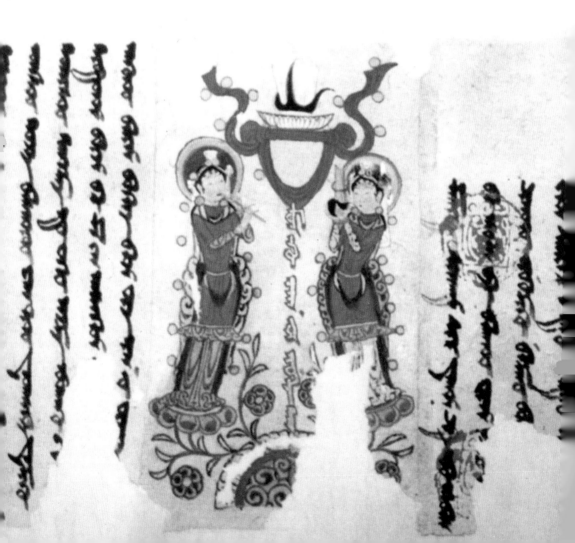

◆ 上图：西方人笔下的中国风情画——造纸

◆ 右图：清代防蛀纸扉页，中国历史博物馆藏，这种橘红色的插页，表面涂有一层铅丹，主要成分为四氧化三铅，有杀虫驱虫作用。这种纸也称为"万年红"，防蛀纸为古籍的保存起了重要作用

在造纸业迅速普及的基础上，830 年，缚达城成立了由科学院、图书馆和译学馆组成的"智慧宫"。翻译事业的发展加速了丝绸之路的文化交流和发展进程，不仅亚里士多德、柏拉图的著作被翻译成叙利亚文和阿拉伯文，也有中国的学者通过口授等方法，笔录了阿拉伯译本。中国纸和阿拉伯纸出口到欧洲各国，最终代替了西亚和欧洲的羊皮纸和埃及昂贵的纸莎草纸，为中西文化全面交流铺平了道路。

◆　清代粉白地暗花双龙戏球宣纸，中国国家博物馆藏。宣纸是中国著名的书画纸，唐代已有生产，明清宣纸以青檀皮为主要原料，掺入定量的楮皮与稻草制浆抄造而成，是皮纸的一种

印刷术：人类文字载体的革命

⌇ 1. 活字印刷有何优点

印刷术分为雕版印刷术和活字印刷术。

雕版印刷术，就是让刻工在一块木板上将所要印制的文字或图案雕刻出来。中国发明雕版印刷术的具体年份和发明者还不能确认，但目前中国雕版印刷传世及出土的实物中，最早的是 1900 年在敦煌石窟中发现的唐咸通九年（868 年）刊刻的整卷《金刚经》，上面印有明确的刻印年代。这卷《金刚经》图像精美，印刷工艺成熟，应当不是印刷术发明初期的制品，

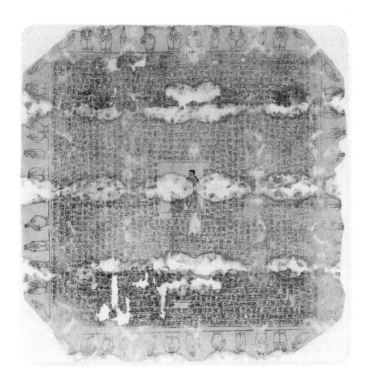

◆ 唐代中晚期汉文《陀罗尼经咒》印本，1975 年西安冶金机械厂出土。印本为长方形，边长 35 厘米，有残损，内容分三部分，中心长方框内为人物绘像，经咒咒文环绕于四周，四周外为印制的各式手印

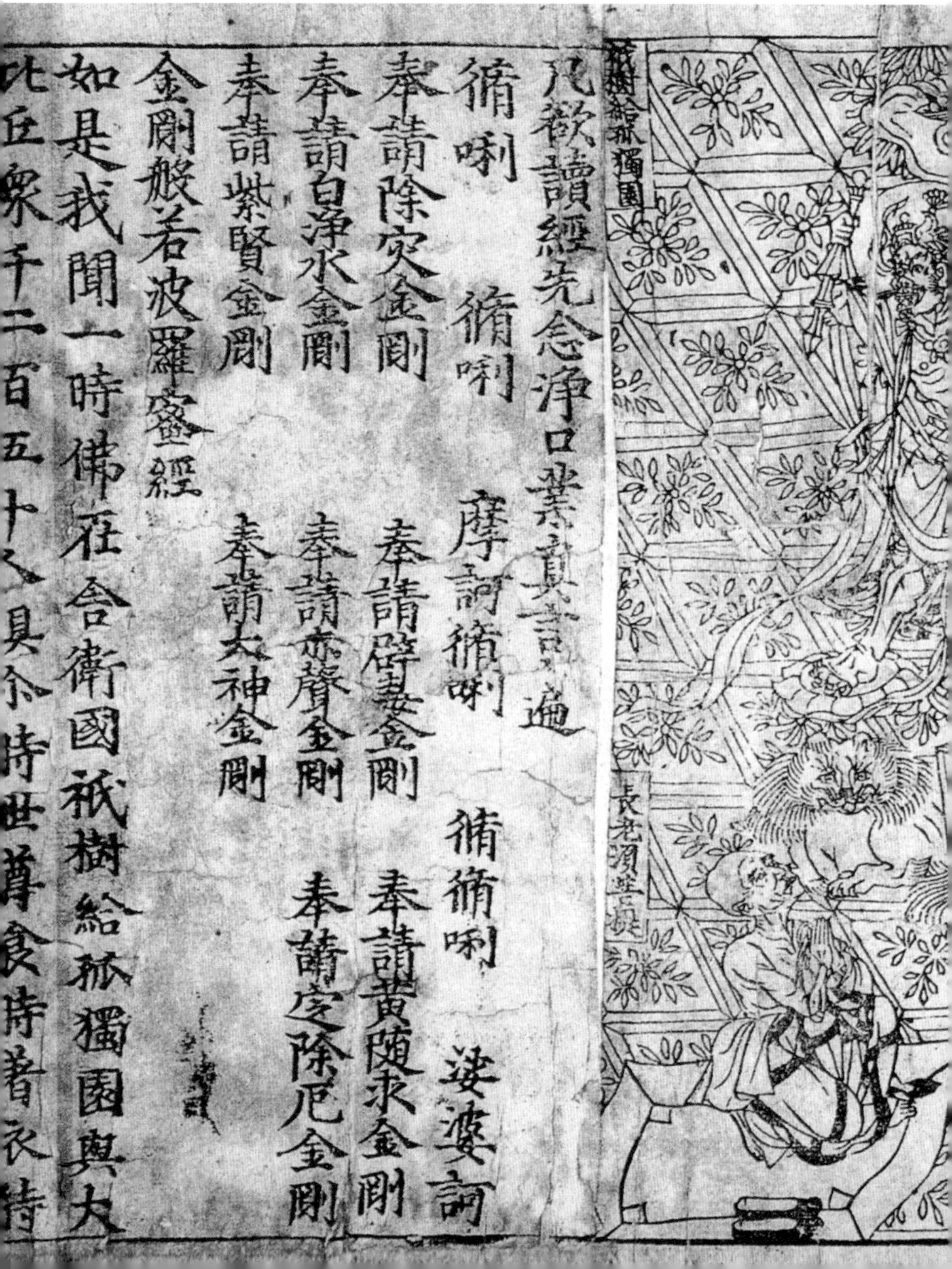

凡欲讀經先念淨口業眞言　遍

　謹唎　　謹唎

奉請除穢金剛　　摩訶謹唎

奉請白淨水金剛　奉請辟妻金剛

奉請紫賢金剛　　奉請赤聲金剛　　謹謹唎

奉請黃隨求金剛　婆婆訶

奉請大神金剛　奉請定除尼金剛

金剛般若波羅蜜經

如是我聞一時佛在舍衛國祇樹給孤獨園與大

比丘衆千二百五十人俱爾時世尊食時著衣持

说明中国印刷术的起源要早于 9 世纪前半期。

　　活字印刷术起源于北宋庆历年间（1041—1048 年），它的发明者毕昇被记录在了北宋科学家沈括的著作《梦溪笔谈》中，因而有幸被后人所知。据《梦溪笔谈》记载，毕昇发明了用胶泥刻字的活字制版印刷术。毕昇发明的活字印刷术就是用黏土来刻字，每字为一印，泥块烧硬后再一个个排列在铁框里来印书。

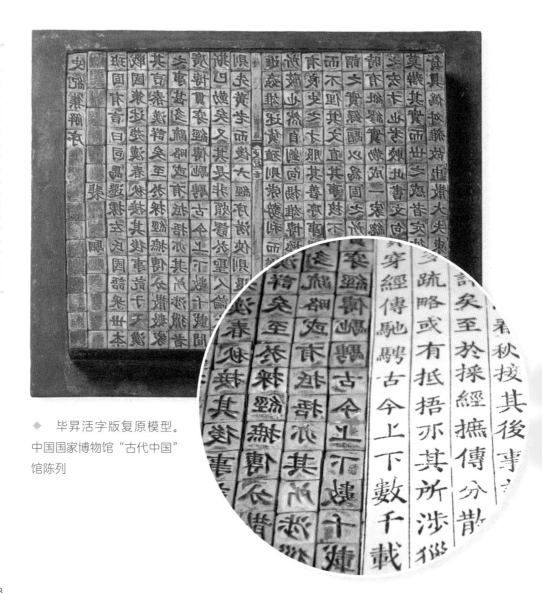

◆　毕昇活字版复原模型。中国国家博物馆"古代中国"馆陈列

毕昇发明的胶泥活字有什么优点

毕昇（约 971—1051），北宋淮南路蕲州（今湖北黄冈）人，中国古代杰出的发明家，他创造发明的胶泥活字，是中国印刷术史上的一次根本性变革，是对中国劳动人民长期实践经验的科学总结，对中国和世界各国的文化交流做出了巨大贡献。

早期的印刷方法是把图文刻在整块整块的木板上，用水墨印刷的，统称为雕版印刷术。毕昇认真总结前人的经验，发明活字印刷术。沈括在《梦溪笔谈》中详细记载了活字印刷术。

毕昇是一个从事雕版印刷的工匠，在长期的雕版工作中，毕昇发现雕版的最大缺点就是每印一本书都要重新雕一次版，有错字不易更正，既笨重费力又耗料耗时，不仅存放不便，而且印刷成本高昂。

经过潜心研究，反复实践，北宋庆历年间，毕昇终于找到了解决问题的方法，他发明了在烧陶器用的胶泥上刻字，一字一印，在陶窑中用火烧硬后，变成坚硬光滑的活字。排版前先在置有铁框的铁板上敷一层掺和纸灰的松脂蜡，将活字依次排在上面，先加热使蜡稍熔化，然后用平板压平字面，冷却之后，活字即固着在铁板上，可以像雕版一样印刷。印完后还可以把铁板加热，使活字脱落，留待以后再用。

◆ 中国古代著名发明家毕昇像

毕昇发明的活字印刷造价低廉，活字可以反复使用，不仅节省了大量的材料、时间，而且大大提高了印刷的数量和质量。可惜的是，这一技术还没来得及推广，毕昇就去世了，他的活字后来被沈括的门客收藏。

《梦溪笔谈》只说毕昇是个布衣，也就是普通老百姓，关于他的籍贯及生平，一点儿都没有交代。1990年秋，湖北省英山县草盘地镇五桂墩村睡狮山出土了一方墓碑，据考证为毕昇的墓碑，关于毕昇籍贯和身世的谜团，才被逐渐揭开。为了缅怀和纪念毕昇，英山县在国家文物部门的支持下，建造了毕昇公园和毕昇纪念馆。

◆ 泥活字，江苏扬州中国雕版印刷博物馆陈列

◆ 辽代《炽盛光九曜图》印本，长94.6厘米，宽50厘米，山西应县佛光寺塔出土。此印本质地为皮纸木刻墨印，然后着色，刻工精细，线条遒劲，是目前所知中国古代木刻着色立幅中时代最早、篇幅最大、刻印最精的珍品

李约瑟（1900—1995，英国近代生物化学家、科学技术史专家，所著《中国科学技术史》对现代中西文化交流影响深远）对毕昇活字印刷术的发明大加赞誉，称活字印刷术的发明是印刷史上的一次伟大革命，曾对世界文明进程和人类文化发展产生过重大影响。然而事实上，活字印刷术在毕昇之后并没有被广泛应用。北宋之后中国大部分的书籍依然使用雕版印刷的方法，这主要是因为对于西方文字来说，用活字进行字母排列是非常方便的，但对于中文来说，大量的文字很少重复，活字印刷要雕刻几万个汉字，无论雕刻、收纳、整理还是排版，都并不省时省工。此外，中国人极其注重印刷品文字的质感和优美度，活字排版时难免会造成空隙过大，或大小、深浅不一的情况，因而活字印刷术的发明并没有在中国本土得到大力推广和发扬。

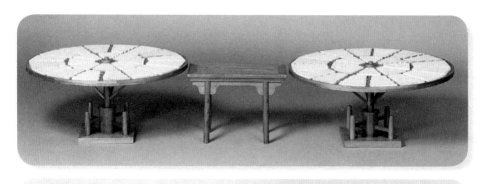

◆ 上：转轮排字盘，此盘是元代王祯设计发明的，用于排放活字字模
下：元朝回鹘文木活字，在甘肃敦煌莫高窟内发现

⌇ 2. 印刷术是怎么传播的

中国印刷术的向西传播，与蒙古帝国的伊利汗国和钦察汗国有很大关系，中国的雕版印刷和活字印刷在蒙古帝国时期同时传向了中亚、西亚和俄罗斯，并进一步传向南欧与北欧。

雕版印刷术的西传时间早于活字印刷术的西传，并与"交子"印刷出现在西亚分不开。13 世纪末，伊利汗国由继承阿巴哈汗的盖喀图汗执政，由于连年征战，国库空虚，他的财政官员伊赛丁·莫扎发提出效仿元朝，印刷"交子"。他们详询了当时出使伊利汗国的元朝副枢密使勃罗，在 1294 年正式发行了至元宝钞"交子"，上面印着盖喀图汗的喇嘛教名和汉文的"钞"字，这是雕版印刷西传的第一个实例。"交子"的发行只维持了三个月的时间，但这个汉文的"钞"字证明了中国印刷术传到了西亚。

彩图青少版中国科技通史

在中国印刷术传向西亚的同时，"交子"印刷也传向了俄罗斯，钦察汗国是这个传播链条中的一环。

16世纪德国人古登堡也发明了活字印刷，从工艺材料、流程改进以及工效提高方面，是完全应当肯定的，但他的发明只不过是欧洲活字印刷技术的第二个源头。有关研究指出，古登堡曾经在捷克的布拉格居住过，从俄罗斯传到布拉格的以交子为代表的中国印刷技术有可能启发了他。

印刷术作为一个技术驱动型的行业，一直以来都在不断地创新和改进中。活字印刷术具有一字多用、重复使用、印刷量大、省时又省力、节约材料等优点，比整版雕刻经济方便。作为中国四大发明之一，它的出现是一个划时代的创造，促进了文化传播，也推动了各国之间、各民族之间的交流，对中国文化乃至世界文化都产生了不可忽视的影响。

◆　古籍雕版《饮虹簃所刻曲》《楚辞集注》。江苏扬州中国雕版印刷博物馆陈列

3. 中韩争夺印刷术发明权

1966 年，韩国在对新罗王朝（668—735 年）时期的故都金城（今韩国庆尚北道庆州市）佛国寺释迦塔进行修复过程中，于二层塔身中央上部的一个方洞内，发现了木板雕版印刷的佛经经卷《无垢净光大陀罗尼经》。因为韩国的这个寺庙是在 751 年落成的，而经书必定是在寺庙落成之前埋下的，所以可以确定这本经书的印制年份是在 751 年之前。这就比敦煌石窟中发现的 868 年刊刻的中国《金刚经》早 100 多年。

然而学者认为，该经书在韩国被发现并不意味着是韩国印刷的，它应该是在中国印刷后作为礼物被送到当时的韩国去的，理由是这本经书中使用了武周（690—705 年，武则天建立的朝代，为区别于历史上先秦的周朝而称之为武周。由于武则天和李唐家的关系，一般武周不被视为单独的朝

◆ 雕版印刷场景。江苏扬州中国雕版印刷博物馆陈列

代，惯例上把它计入唐朝世系）皇帝武则天制字 4 个，分别见于经文内容的 8 个地方。689 年，也就是载初元年，武则天创制了 10 多个制字。一般来说，只有中国的刻版者才会遵从武则天号令使用新字，而远在新罗的制版印刷工人没必要遵从武则天法令，这些新字也不会传到新罗就很快流行。因此，韩国出土的这卷《无垢净光大陀罗尼经》反而可以将中国雕版印刷术的发明年代往前推。

然而韩国人显然不会承认，他们拥有本国出土的实物凭证，当然坚信该经书是由韩国印刷的，因此一直争夺雕版印刷术的发明权。1997 年，在韩国召开的有联合国教科文组织官员参加的"东西方印刷史国际讨论会"上，中国学者向各国专家阐明了我们的观点，鉴于中国学者还有美国、日本学者的不同意见，联合国教科文组织未认可韩国的"印刷术发明权"和"金属活字发明权"。韩国只获得了"世界最古老的金属活字印刷品"的认定。

2001 年 6 月，联合国教科文组织认定，在韩国清州发现的《白云和尚抄录佛祖直指心体要节》（印刷于 1377 年）为"世界最古老的金属活字印刷品"。2005 年 9 月，由韩国政府资助，联合国教科文组织在清州举行了大型纪念活动。联合国教科文组织承认朝鲜人在金属活字上具有世界第一的发明权。当然这并未动摇中国在印刷术上的发明权，但是韩国得到了金属活字上的优先权。因为朝鲜人确实非常热衷于铸造金属活字，他们用金属活字印了大量的书，所以在金属活字上可能他们是有优先权的。

现在的情形是，韩国人企图争夺中国的雕版印刷术发明权，不太成功但也有一点儿小进展。在活字印刷上，他们要超过毕昇做不到。但是在金属活字印刷上，他们占了先，联合国教科文组织确认他们比中国的金属活字印刷要早。

火药：人类征服世界的创新发明

火药，这里指黑火药，是由硫黄、硝石和木炭按照一定配比组成的混合物。在这三种成分中，硝石的地位是最重要的，因为它扮演着氧化剂的角色，使火药能够自供氧气燃烧。黑火药的发明起源于中国，这几乎已经是学术界的共识。火药的发明最早可追溯到中国古代的炼丹活动。

1. 炼丹意外炼出了火药

炼丹术在中国起源很早，据史书所载，至少在战国时期，已经有方士炼制不死之药，且受到统治阶级的支持与鼓励。三国时期之后，道教兴起，这些方士就加入道教，大批的道士开始学习、尝试炼丹，于是炼丹术与新兴的道教结合了起来。随着道教在中国越来越盛行，炼丹术也越来越发达，奠定了中国火药与养生医学发展的基础。

炼丹家始终认为：如果在适当条件配合下，一种物质经过若干程序处理后，若与另一种物质相结合，则可以自动将它原有的特质转换到另一种物质身上，而凡人也有接受这种变化的可能。因此，他们利用烧炼的方法，企图将一些不易腐坏的物质，特别是黄金、白银等矿石，制造成易于吞食的丹丸，人吞食后，其中"不腐不坏"的特质被人体吸取，以达到长生不死的目的。这种说法在今天看来显然是无稽之谈，然而自秦汉至隋唐的炼丹家却深信不疑，许多企盼长享荣华富贵的帝王贵族也都信以为真。在这种背景下，烧炼矿石设法使它的体积变小，硬度变软，

◆ 火药的研究开始于古代道家炼丹术，最后丹没炼成，却发明了火药

并去除其中的毒性，使它成为可吞食的丹丸，这就成了方士炼丹的主要内容。

炼丹家最常用的一种药物是矿石中的硫黄，因为硫黄能改变其他矿石的形态。硝石的成分是硝酸钾，硝石也是古代制溶解金属溶液的主要原料。因此，在利用燃烧方式制造丹丸时，如果不小心将硫黄与硝石同时掉到炭火上，就会引发火焰，甚至爆炸。

2. 火药作为武器出现在什么时候

虽然说中国炼丹术士可能很早就发现了"火药"引起的爆炸现象，但这并不意味着他们发明了火药。在科技史领域，我们要注意区分"发现"

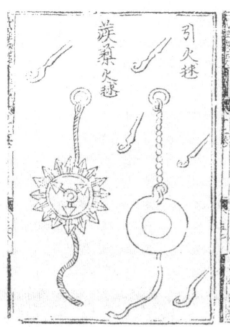

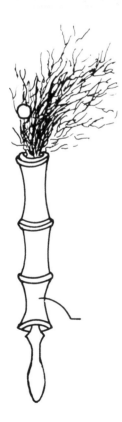

◆ 上图：集大成的军事典范著作《武经总要》。宋仁宗时，命曾公亮、丁度等编撰《武经总要》，成书四十卷，分前、后两集，前集叙述北宋初期的军事制度，后集采录历代兵谋得失。图为《武经总要》中关于火药配方的记载

◆ 左图：突火枪，南宋军队发明了此种管状火器，以巨竹筒为枪身，内部装填火药与子窠——火药弹。点燃引线后，火药喷发，将子窠射出，射程远达150步（约230米）。这是世界上第一种发射子弹的步枪

和"发明"。只有当人们有意识地利用它燃烧和爆炸的特性制成了"人工产品"，才算是真正发明了火药。

　　火药被发明出来就是被用作武器。根据现有文献记载，火药武器出现的时间不晚于北宋初年（10世纪末）。当时制造火药主要是用来作为攻城的武器，这些火药武器需要借助弓弩、抛石机等发射出

去。北宋官修兵书《武经总要》中详细记载了三个火药配方，是世界范围内已知的最古老的火药配方。

宋代战争频繁，宋人发明的火药武器很快传到了辽国，宋高宗下令禁止向辽国售卖硫黄、硝石等制造火药的原材料，然而这并不能阻止火药新技术向四方传播。

◆ 青铜火铳，制于元至顺三年（1332 年）。1935 年发现于河北房山（今属北京）云居寺。铳身刻有"至顺三年"铭文。这是目前所知世界上最早的青铜炮。中国国家博物馆藏

◆ 蒺藜陶弹内部可以装填火药，引爆后可以对敌人造成伤害

◆ 一窝蜂（模型）：这是一种明代的筒形火箭架，乱箭齐发，宛如群蜂蜇人

◆ 明代神火飞鸦（模型），长 45.5 厘米，宽 57 厘米，这是用竹篾扎成乌鸦形状的飞弹，其内部装满火药，由四支火药筒推进，可飞百余丈，落入敌营，鸦身火药燃烧，攻击敌方

~ 3. 火药西传显示了怎样的威力

1234 年蒙古帝国灭掉金国之后，将在开封等地虏获的工匠和火器全部带走，还把金军中的火药工匠和火器手编入了蒙古军队。第二年，蒙古大军发动了第二次西征，新编入蒙古军队的火器部队也随军远征。1236 年秋，蒙古大军攻到伏尔加河沿岸，在这里击溃钦察部后，进入俄罗斯境内。在随后的几年中，装备火器的蒙古大军横扫东欧平原。1241 年 4 月 9 日，蒙古大军与 3 万波兰和日耳曼的联军在东欧华尔斯塔德大平原上展开了激战。根据波兰历史学家德鲁果斯《波兰史》一书的记述，蒙古大军在这场会战中使用了威力强大的火器。波兰火药史学家盖斯勒躲在战场附近的一座修道院内，偷偷描绘了蒙古士兵使用的火箭样式。根据盖斯勒的描绘，蒙古人从一种木筒中成束地发射火箭，因为在木筒上绘有龙头，因此这种火箭被波兰人叫作"中国喷火龙"。

◆ 骁勇善射的蒙古士兵

蒙古大军席卷东欧大地，让阿拉伯人也感受到了火药的巨大威力。由于

彩图青少版中国科技通史

◆ 蒙古军队攻城图

担心会成为蒙古军队的下一个进攻目标，阿拉伯人迫切希望获得关于火药的情报，提升阿拉伯军队的战斗力，但阿拉伯人缺乏制造火药最为关键的硝石（阿拉伯人称之为"中国雪"）提炼技术。于是，善于航海的阿拉伯人通过与东南亚各国的贸易往来，间接从中国进口了大量硝石。但蒙古人没有给阿拉伯人足够的时间利用这些硝石，1258 年，手持火器的蒙古大军在名将郭侃（唐朝名将郭子仪的后裔）的率领下进攻阿拔斯王朝（阿拉伯帝国的第二个世袭王朝，古代中国史籍中称之为黑衣大食）。2 月 15 日，阿拔斯王朝的都城报达（今伊拉克巴格达）被攻陷。蒙古人打败黑衣大食后，建立起了伊利汗国。这里迅速成了火药等中国科学技术知识向西方传播的重要枢纽。而配备了火药武器的蒙古军队长期驻扎在欧洲，也给欧洲人偷窥火药技术提供了机会。

由于元朝政府不禁止火器出口，蒙古军队还在阿拉伯人和欧洲人中招募士兵，因此，欧洲人有了足够的机会掌握火药制造技术。希腊人马可在研究中国火器的基础上写了《焚敌火攻书》，记述了 35 个火攻方法。这本书在 1804 年由法国人杜泰尔译为法文，随后又被译为德文和英文。

意大利是较早获得中国火药知识的国家之一，欧洲人语言中的"火箭"一词就首先出现在意大利语中。1379—1380年，意大利两大城邦国家威尼斯和热那亚为争夺海上贸易垄断权发生战争，双方在这场战争中都使用了火器，这是欧洲人制造使用火器的最早记录。火器在传到欧洲以后得到了革命性的发展，最终成了欧洲人征服世界的利器。

黑火药是中国人的发明，然而今天全世界使用的炸药都属于黄色炸药。黄色炸药起源于1771年合成的苦味酸，1885年黄色炸药才被第一次应用在军事上。1887年，诺贝尔改造了原配方，制成了"特种达纳炸药"，又称"特强黄色火药"。虽然黄火药的威力远比黑火药大，但是，中国人发明的黑火药在军事上的应用比黄火药早许多。马克思所说的"火药把骑士阶层炸得粉碎"，确定是指黑火药无疑，因为当时黄火药还没有被发明出来。

◆ 14世纪波斯手抄稿插图，成吉思汗攻克布哈拉（今乌兹别克斯坦境内，9—10世纪时为萨曼王朝首都）

ᏂᏂ 4. 火药发明权不可撼动

中国人优先拥有黑火药的发明权是确定无疑的，不必说隋唐时期炼丹术士的记载，单凭宋代《武经总要》中的 3 个黑火药配方便至少领先了世界 200 年。

后来在欧洲战事中广泛使用的黄色炸药的确不属于中国人的发明，但在黄色炸药发明以前，中国人发明的火药已经通过元朝大军的征伐传遍了世界各地。

◆ 欧洲野战炮，摘
自李约瑟《中国科学
技术史》

指南针：为人类航行指明方向

指南针具有指明方向的作用，在航海、行军等方面具有不可替代的作用。在发明指南针之前，人类在茫茫大海中航行，常常会迷失方向，造成不可想象的后果。中国人发明的指南针，使人类航行不会再迷失方向。

1. 指南针最早是什么样的

提起指南针，就难免要谈起中国的"司南神话"。关于司南问题，多年来学者一直争论不休。争论的关键点在于：中国人是从什么时候开始认识到磁石的指极性的？到底有没有司南这种东西？造出的司南能不能起到指示方向的作用？

关于司南的记载最早出现在秦朝《鬼谷子》一书："郑人之取玉也，必载司南之车，为其不惑也。"意思是说，郑国人到山上采玉，一定要带"司南之车"，这样就不会迷失方向。"司南"显然是一种可以指示方向的工具。

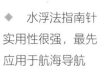

◆ 水浮法指南针实用性很强，最先应用于航海导航

彩图青少版中国科技通史

西汉时期，淮南王刘安招募了很多奇人异士，编著过一本叫《淮南万毕术》的书，其中有许多奇怪的传说，有一条内容是："磁石悬入井，亡人自归。""亡人"指的是在外迷路的人。这个传说的意思是，将磁石悬挂在井中，则在外迷路的家人便能找到回家的路。这一传说虽然荒诞不经，但从侧面显示出，中国古人确实认识到了磁石与方向指示具有一定的关系。这说明，最迟在西汉时期，中国古人就认识到了磁石可以指方向。

东汉时期，王充在《论衡》中具体描述了司南的样子："司南之杓，投之于地，其柢指南。"杓，就是指勺子。这段话是说，司南这种勺子，投在地上，它的柄会指向南方。这就很清楚地表述出了司南其实就是磁性指向器。当时的中国还没有地球的概念，但已从经验上发现磁石的两极与南北向有近似的对应关系，从一些文献上来看，当时的古人的确已经认识到了磁石具有指示方向的功能。

ℭⱷ 2. 从"指南鱼"到指南针

到了北宋时期，中国古人已经不局限于寻找、使用天然磁石，而是可以将铁进行磁化，让它有指向性。北宋《武经总要》中提到了一种叫作"指南鱼"的装置，这种"指南鱼"是把薄铁片剪成长 2 寸、宽 5 分

◆ 指南鱼。福建泉州开元寺泉州湾古船陈列馆藏

司南复原引发的思考：不要小瞧中国古人的智慧

1945 年，中国博物馆学家兼古代科技史学家王振铎根据文献记载、汉代画像及出土文物复原了王充描述的"磁石勺"司南。王振铎将磁石打磨成勺形，放在光滑的方盘上，向下拨动勺柄，使勺子在方盘上转动，等旋转的司南稳定后，它的长柄就会指向南。

然而，1952 年中国代表团向苏联赠送了一个"司南复原品"礼物。据悉，按王振铎的方法制成后，这个司南复原品的指南效果非常差，于是，只得用现代手段给这个司南人工充磁，才送给苏联。

于是，许多质疑司南不是四大发明之一的声音冒了出来。有人认为，

◆ 1945 年，中国博物馆学家兼古代科技史学家王振铎复原的"磁石勺"司南

没有现代科技的充磁手段，汉朝人根本就不可能成功造出司南；还有人认为，王充《论衡》中"司南之杓，投之于地，其柢指南"这段文献实际上描述的根本就不是磁性指向器，而是天上的北斗七星。

后来，科学家经过仔细研究后，发现失败原因有以下几点：

一是当时使用的天然磁石品质不算太好；

二是琢磨的玉工没有经验，在雕琢磁石勺时敲敲打打，使得磁性大幅度减弱；

三是实验时让磁石勺在方盘上平面转动，勺底和盘的接触面比较大，摩擦力阻力也相应增大，转动不灵活，影响了指示效果。

2017年，中国科学院自然科学史研究所的黄兴再次进行了司南复原实验。他在河北龙烟铁矿找到了一种磁性很好的天然磁石，将磁石仿照古代工艺造成勺子，结果表明，这个磁石勺的指向性非常好，完全可以应用。这说明司南是实实在在的发明，早在汉代以前中国人便认识到了磁石的指向功能，我们切忌以现代人的优越感小视中国古人的智慧。

的鱼形，鱼的肚皮部分凹下去，使鱼能够像船一样漂浮在水面上。先将铁鱼用炭火烧红，这时铁片内部的磁畴分布杂乱无规律。然后将其取出，令铁鱼头尾指向南北方向摆好，再迅速蘸水冷却。此时，在地磁场作用下，铁片内部的磁畴会沿地磁场方向定向排列。随着铁鱼冷却，这种定向排列方式被固化下来，铁鱼因此具有了磁性。虽然古人并不知道这些科学原理，但发明的技术却完全可以与科学原理一一对应上。

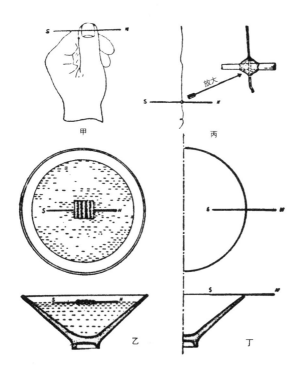

◆ 沈括记载的关于指南针的四种使用方法。旅顺博物馆分馆陈列的"大连古代文明"

同时期沈括的《梦溪笔谈》记载了另一个更成熟的磁化方法："方家以磁石磨针锋，则能指南，然常微偏东，不全南也。"意思是沿着磁石的方向来磨针头，则针可以指南，但是常常不精确，而微偏东。这段话表明北宋时期中国已经掌握了非常简便且易操作的磁化手段，"司南"正式变成了携带方便的"指南针"。同时，这段文献还证明，北宋时期就已经发现了磁偏角的现象，磨出的针不全指南而微偏东描述的就是地磁偏角，因为地磁场的方向与正南正北的方向略有偏差。

◆ 沈括以缕悬法指南针做实验，首先发现了地磁偏角

3. 指南针对航海的巨大影响

指南针的发明和应用，与海上丝路的开拓有着更直接的关系。有指南针之前，航海只能使用观星的方法推算大概方位。指南针出现后，海员们不仅可以确定方位，有时甚至能推算出两地间的里程。从此，各国的远洋船队依据海图和罗盘所记载、测算出来的航线、航向和里程，行走于茫茫海天之间。

在中世纪相当长的一段历史时期，阿拉伯人的海船船体狭小，最多只能容纳几十人。当时往来于南海、印度洋和波

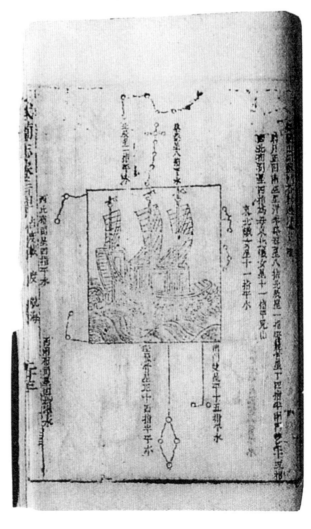

◆ 郑和下西洋所用的航海牵星图。把航海天文定位与导航罗盘的应用结合起来的定位术叫作"牵星术"，用"牵星板"可以通过测定天的高度，来判断船舶位置、方向，确定航线，这项技术代表了那个时代天文导航的世界先进水平

斯湾之间的商船，能够容纳上百人的只有中国海船，连阿拉伯商人也经常搭乘中国海船。宋代中国与阿拉伯的海上贸易十分频繁，中国开往阿拉伯的大型船队有指南针导航，阿拉伯人是很容易从中国商船上学到指南针的用法的。

虽然古代希腊、罗马的学者们很早就已知道了磁石能够吸铁的特性，但很长时间大家都不知道磁石的指向性。当欧洲人最终了解这一自然现象时，已经落后中国人 1000 多年了；而以磁石制造罗盘指引航海，落后于中国 300 余年；用人造磁石导航晚于中国人 100 余年。值得注意的是，欧洲人在早期使用的航海罗盘，使用的是与中国人同样的水罗盘，而且制作方法也与中国水罗盘几乎完全相同。

在 13 世纪前半叶之前，欧洲人还停留在对中国宋代指南针的仿制阶段。此时的欧洲人无论是在理论还是在实践方面，都没有超过中国宋代的罗盘应用水平。13 世纪后半期，通过法国实验物理学家皮埃尔的研究，欧洲的指南针开始了本土化的进程。随着中国旱罗盘传入欧洲，法国人又将旱罗盘改进，将它装入有玻璃罩的容器中，成为便携仪器。后来，这种携带方便的指南针被欧洲各国的水手广为应用。

指南针在航海上的应用，使得哥伦布发现美洲新大陆的航行和麦哲伦的环球航行成为可能，大大加速了世界历史的发展进程。

4. 指南针发明权的真相是什么

指南针的发明历来有"水罗盘"和"旱罗盘"的争议，有人说"水罗盘"是中国人发明的，而航海用的"旱罗盘"是西方人发明的。也有人通过南宋人记载的"指南龟"（指南龟被视作后世旱罗盘的先驱），推断出旱罗盘也是中国人发明的。事实上，在"司南"的问题明确后，这两种争议都是没有必要的了。既然中国人早在汉代就造出过"司南",并掌握了磁石指向性的知识,那指南针的发明权自然应当归属中国。即使西方人成功独立发明了旱罗盘,其中应用的知识也很可能是来自中国的。

◆ 《宣和奉使高丽图经》,宋代徐兢著,《天禄琳琅丛书》本。著者于北宋宣和五年(1123年)出使高丽,在书中详细记载了宋代海船、航线以及高丽的经济、文化和风土人情,其中有目前所知海上使用指南针的最早记载。中国国家博物馆"古代中国"馆陈列

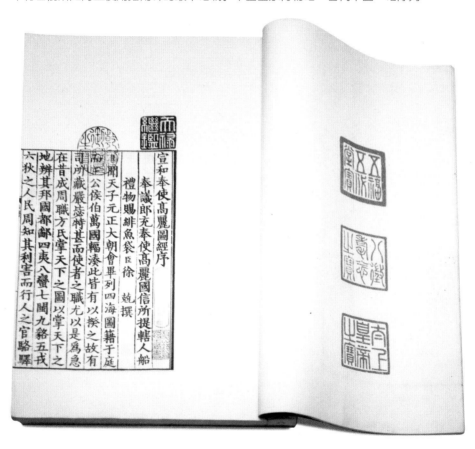

"四大发明"是中国人的自我陶醉吗？

"四大发明"是在中国近代科技落后的背景下提出的。当时给人的感觉，无异于一剂强心针，颇有"长中华志气，灭西国威风"的自豪感。同时，撰写《中国的科学与文明》（后称《中国科学技术史》）及宣传"四大发明"的英国人李约瑟赢得了中国人的感激和爱戴，被称为"中国人民的伟大朋友"。

然而，随着时代的发展，越来越多的人开始从不同的角度看"四大发明"。有些人认为，"四大发明"已经过时，我们应当重新评选中国的"四大发明"。北京的中国科技馆新馆现在陈列的四大发明变成了丝绸、青铜、陶瓷和印刷。另外，有的学者也提出了更多的可能性，如中医药、十

◆ 著名科技史学家李约瑟称赞指南车为"世界上第一个自适应系统"

进制记数法、纸币、阴阳合历等发明也都可以作为"四大发明"的候选项。

此外，互联网上也有言论说，改变了欧洲的"四大发明"和中国根本没有一点儿关系，完全是中国人的一厢情愿和自我陶醉。这些文章否认司南的指南功能，将"炸毁骑士阶层"归功于19世纪才应用的"黄色炸药"，类似的观点事实上是经不起推敲的。

通过对中国古代"四大发明"的回顾，梳理它们对外传播的路径，可以得出这样的结论："四大发明"改变了西方乃至世界历史的进程的说法基本上是可靠的。造纸术与印刷术，在文化记载和传播方面造福人类，并深刻影响了欧洲的文艺复兴和宗教改革。黑火药在冷兵器为主的时代对战争的胜负有重大的影响，打破了中世纪的封锁，为欧洲新兴的资产阶级迎来了胜利的曙光。指南针是大航海时代不可缺少的工具，改变了世界格局。造纸术、印刷术、火药和指南针，这几项改变了欧洲历史，影响了世界格局的发明虽然不见得全都是中国人的贡献，但它们凝聚着古代中国人的心血和智慧是不可否认的。

如今的中国正在变强，我们固然没有必要妄自尊大，也没必要妄自菲薄。既不必厚古薄今，也不宜厚今薄古。理性地认识"四大发明"，用客观的态度去看待中国古代的科学技术，看待中西方的差异，正是我们今天需要的文化自信。

（本章执笔：李月白博士）

中外科学技术对照大事年表

（远古到 1911 年）

四大发明

中 外

浇纸法造纸工艺已基本成熟

| 公元前 26 世纪 | 公元前 2 世纪 | 2 世纪中叶 |

发现于埃及红海港口的纸莎草纸，是迄今所知最早的纸莎草纸考古遗存

抄纸法造纸可能已在中国出现

金军在攻城时使用了高硝爆炸性火器铁火炮

| 1259 年 | 1221 年 |

寿春府（今安徽寿县）南宋抗蒙前线军民造突火枪，是史籍所记载的最早的管状射击火器

中国最早记载了在航海中使用指南针

| 11 世纪末 | 12 世纪初 |

沈括《梦溪笔谈》成书，最早记载地磁偏角、活字印刷术和纸人共振实验

简牍开始被
纸取代

中国发明雕版印刷

3—4 世纪之交

7 世纪上半叶

指南鱼在中国问世，后来曾公亮在
《武经总要》中首次详细记载它的制
作和使用方法，制作过程中使用了人
工磁化，是世界上人工磁化的最早
实践

10 世纪末—11 世纪初

9 世纪末—10 世纪中叶

宋朝开始量产军用火药，主要是含硝量较低的
火药膏，用于制造弓弩发射的燃烧箭（火箭）
与投石机抛掷的燃烧弹（火炮），北宋咸平三
年（1000 年）的火箭、火球、火蒺藜当是火药
武器无疑

1545 年

德·梅迪纳《航海的艺术》问世，是第一
部有实用价值的航海学论著，首次展示大
西洋和美洲大陆轮廓，详细介绍罗盘导航
和天体导航等技术

第 二 章

仰观天文：
中国古代天学

　　中国古代科技文化的萌芽较古埃及和古巴比伦稍晚，早期的科技成就与古希腊相比也有距离。从秦汉开始，中国古代科技以不断加速的态势向前发展。之后历经魏晋南北朝、隋唐时期的发展，到宋朝达到鼎盛，在当时世界上也处于领先地位。在人类历史上，中古时期科学文化的最高成就是由中国取得的。明清时期，受闭关锁国等对外政策的影响，中国古代科技发展缓慢。

　　由于中国古代科技是为经济建设和国家治理服务的，因此中国发展出了独特的技术型、经验型、实用型的科学技术体系，在天文历法、数学、农学、医学、军事、地图绘制、水利工程、宫廷建筑等众多科技领域取得了举世瞩目的成就。

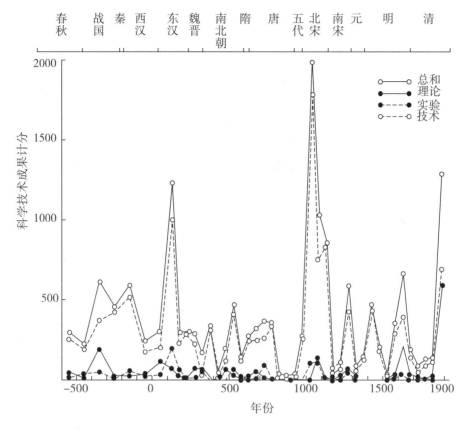

| 春秋 | 战国 | 秦 | 西汉 | 东汉 | 魏晋 | 南北朝 | 隋 | 唐 | 五代 | 北宋 | 南宋 | 元 | 明 | 清 |

◆ 中国古代科学技术水平净增长曲线（以 50 年为单位）。资料来源：金观涛、刘青峰《兴盛与危机》

中国古代科技成就与文化发展也有一定关系。春秋战国时期诸子百家思想活跃，在政治、人文之外也贡献了大量科技思想。进入汉代以后，以儒家为主干的传统文化形态基本形成，与之对应的是古代天文学、数学、医学和农学也形成了各自的科学范式。宋代儒家所形成的博学精神、怀疑精神和求理精神，或许对我们理解宋元科技的发达有所启发。

与西方科学注重分析不同，中国传统的学术思想强调人与自然、自然与社会的和谐统一，讲究"天人合一"。受"天人合一"哲学思想的支配，中国古代比较注重对人生事物、自然事物的观察，认为人是自然的一部分，是融于自然之中的，对脱离人的自然界整体的法则很少考虑。

现代科学进入宇宙、生命更深更广的领域，无论是从思想上还是从方法上都面临着新的挑战和机遇。特别是进入 21 世纪以来，人类生活在一个生命科学和信息时代，科学与人文、物质与生命、精神与存在的辩证统一性，必然产生人的本性的回归。中国古代科技的智慧，或许对发展未来科学有所启迪。

◆ 三星堆青铜神树可视作上古先民天人感应、人神互通的神话意识的形象化写照，四川广汉三星堆博物馆藏

天学：中国最古老的学问

天文学是人类历史上起源最早的一门科学，中国古代的天文学通常被称为天学。天学虽然也是研究各种天体的运行情况的，但最终目的并不是揭示天体运行规律，而是以天体展示的"天象"为依据，来决定或预知人事的安排和进退。

这种"天学"的哲学理论基础就是人们熟知的中国传统中的"天人合一"和"天人感应"观念。在对天的敬畏中，古人处处将人事与天象对应起来，对天象进行直接和间接的模仿，以为只有以天为法，循法而行，才能得到天的保佑和庇护。

所以，中国古人把头顶上的天叫作"神灵之天"，这种"神灵之天"是通过"自然之天"来显示它的"真实性""客观性"和"存在性"的。

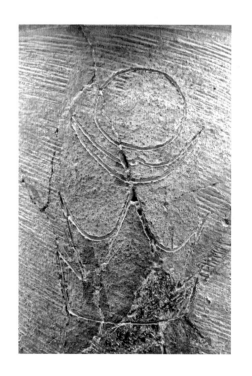

◆ 大汶口文化陶尊上的天象刻文，山东省博物馆藏

◆ 商王祖庚、祖甲时期日食刻辞牛骨，河南安阳出土

◆ 商代晚期刻干支表牛骨，长22.5厘米，宽6.8厘米，河南安阳出土，中国国家博物馆藏

在中国古代，天文历法关系着国家政治和农业生产，历代统治者都非常重视。

天象的变化被认为能窥测、探知"天命"，具有预测军国大事的特殊功能，因而成为帝王"参政"的重要依据。

天学作为一门被严厉禁锢的学问，被牢牢地掌握在朝廷手中。几乎历代王朝都制定了严厉的法律，禁止个人私藏天文器物、私自从事与天文相关的事情，从而对天学进行法律控制。

中国古代天学是贯穿中国传统文化的主干，是中国大文化的一个原始基因。中国古代王权政治以天学为基础，当时的政治、思想、文化，都深深地打上了天学的烙印。要想准确理解中国古代科学技术乃至传统文化，只有从天学入手，除此之外没有第二条路。

中国古人是怎样观测大自然的

在中国春秋战国时期一部名叫《列子》的重要典籍中，记载有这样一个故事：孔子到东方游学，途中遇见两个小孩儿在争辩，便问他们争辩的原因。有一个小孩儿说："我认为太阳刚升起时离人近，而到中午时离人远。"另一个小孩儿说："我认为太阳刚升起时离人远，而到中午时离人近。"孔子问他们这样说的理由。第一个小孩儿说："太阳刚升起时大得像一个车盖，到了中午时小得像一个盘盂，这不是远小近大的道理吗？"第二个小孩儿反驳说："太阳刚出来时清凉而略带寒意，到了中午时就像把手伸进热

◆ "两小儿辩日" 雕塑

水里一样热，这不是近热远凉的道理吗？"孔子听了他们的陈说，竟然不能判定他们谁对谁错，两个小孩儿笑着说："谁说你知识渊博呢？"

在这个故事中，孔子面对两个小孩儿的争辩而不妄加决断，体现了他实事求是的态度以及谦虚谨慎的品格。学习是没有尽头的，即便是孔子那样的大学问家，也有不知道的事，我们普通人又有什么理由故步自封，停止学习呢？

从这个故事中可以看到，我们的祖先很早就非常注意观察大自然，并探寻天地运行的规律。人们从日出日落中，感受到一天的变化；从四季的更替中，感受到一年的变化；人们又从月圆、月缺的周期变化中，产生了月的概念。同时，人们还注意到天空的星象也在变化着，而这种变化也是周而复始，遵循一定规律的。

℃∽ 1. 古代天学为什么总跟皇帝有关

先秦时，中国已经确定了古代的干支纪日（记录日期的一种方法），产生了二十八宿体系和基本准确的历法。专业的天学家把天象的观测、记录与推算制度化，并形成了专业的天文学派和天文专著。

秦汉时中国古代天学传统格局基本形成，不仅有了全国统一的历法，留下了完整推算历法的《三统历》，而且还出现了《淮南子·天文训》《周髀算经》《灵宪》《浑天仪注》这样的天文学文献；在宇宙学说方面，提出了盖天说、浑天说和宣夜说等成熟理论；对行星运动规律已经有很好的掌握，湖南长沙马王堆汉墓出土的帛书《五星占》就是一个实例；除此之外，还出现了二十四节气，使用的历法是《太初历》，并设定了农历闰月的设

十二生肖怎么来的

提起甲午战争、戊戌变法、辛丑条约、辛亥革命这些近代重大事件，熟悉历史的朋友都耳熟能详。但是却有人并不知晓，这里的甲午、戊戌、辛丑、辛亥是用天干地支表示的年份。

天干地支，简称干支，包括甲、乙、丙、丁、戊、己、庚、辛、壬、癸等十天干，以及子、丑、寅、卯、辰、巳、午、未、申、酉、戌、亥等十二地支。十天干和十二地支依一定次序相配，组成六十个基本单位，古人以此作为年、月、日、时的序号，叫干支纪法。

干支纪法主要用于古代计时，但对于那些不识字的人来说，要用干支记住出生的年份，显然是比较困难的。为了便于记忆和推算，人们就用人们比

◆ 十二生肖中马的形象

较熟悉的鼠、牛、虎、兔、蛇、马、羊、猴、鸡、狗、猪十一种自然界的动物，还有传说中的龙一起，与十二地支相对应组成十二生肖，用于纪年。十二生肖的顺序排列为子鼠、丑牛、寅虎、卯兔、辰龙、巳蛇、午马、未羊、申猴、酉鸡、戌狗、亥猪。

十天干与十二地支排列从甲子开始，一直排到癸亥，刚好是六十组，所以 60 年即为一甲子，2019 年为己亥年，那么 60 年后的 2079 年也是己亥年。同样的排列也用于纪月，纪日。年（月）的第一日排到的那个组合即可用于称呼当年（月）。例如 1984 年第一天为甲子日，子对应是鼠，1984 年就是鼠年。

虽然现在我们通行的是公元纪年，但在中国日历中仍沿用干支做农历的纪年。十二生肖与天干地支相结合，成为我国传统文化中重要的一部分。

置方法。天学在古代知识体系和官僚制度中的地位也在秦汉时期得到了明确确立。《史记》中专列《天官书》讲星占，《历书》讲历法，开启了此后持续 2000 年的官修史书传统。

◆　西汉帛书《天文气象杂占》拼接复原图

二十四节气歌里的气候密码

就像一年有四季一样，靠天吃饭的中国古代先民们通过观察太阳周年运动，将一年做了更细致的划分，分为二十四节气、七十二候，"五日为候，三候为气，六气为时，四时为岁"讲的就是五天为一候，三候就是一个节气，六个节气就是一个季节，四季过去，一年也就过去了。

节气指二十四时节和气候，是中国古代订立的一种用来指导农事的补充历法，按照春夏秋冬，寒暑易节的气候，把每年进行等分，每个节气15天左右。告诉人们以岁时顺序，教民耕作，不误农时。

二十四节气为：立春、雨水、惊蛰、春分、清明、谷雨、立夏、小满、芒种、夏至、小暑、大暑、立秋、处暑、白露、秋分、寒露、霜降、立冬、小雪、大雪、冬至、小寒、大寒。

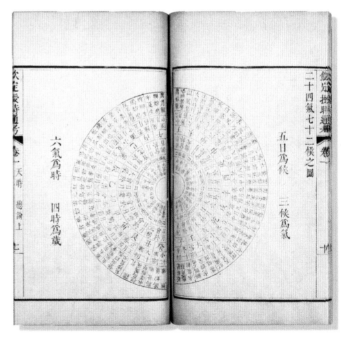

◆ 清代乾隆年间官修综合性农书《授时通考》中的"二十四气七十二候之图"

二十四节气歌，取二十四节气每个节气前的一个字组成，歌词如下：春雨惊春清谷天，夏满芒夏暑相连，秋处露秋寒霜降，冬雪雪冬小大寒。

由于中国农历是一种"阴阳合历"，也就是根据太阳也根据月亮的运行制定的，因此不能完全反映太阳运行周期，但中国又是一个农业社会，农业需要严格了解太阳运行情况，农事完全根据太阳进行，所以在历法中又加入了单独反映太阳运行周期的"二十四节气"，用作确定闰月的标准。

二十四节气将天文、农事、物候和民俗实现了完美的结合，凝结了中华民族劳动人民上千年的智慧。2016年11月30日，联合国教科文组织正式通过决议，将中国申报的"二十四节气——中国人通过观察太阳周年运动而形成的时间知识体系及其实践"列入联合国教科文组织人类非物质文化遗产代表作名录。

魏晋南北朝时期，政权上出现了南北对峙的局面，南北朝的天文学发展也各具特色。北朝呈现出多元文化互相交融的局面。南朝相对安宁，天文学快速进步。整体来看，此时期的星官体系得到了重视，东晋虞喜发现了岁差，北齐张子信发现了太阳周年视运动（在天文学上，观测分析某个天体时，将其投影到天球上，在观测者看来它就在天球上运动，称为天体的视运动。又依据观测者是否随地球自转，将视运动分为周日视运动和周年视运动。就太阳而言，太阳的周日视运动就是东升西落或绕着地球运动；太阳的周年视运动在天球上的轨迹便是黄道）和行星运动的不均匀性；另外，何承天《元嘉历》与祖冲之的《大明历》都具有很高的水平。

六朝隋唐可以视为西方天文学向中国传播的一个高潮时期，西方天文

	节气名称	立春 （正月节）	雨水 （正月中）	惊蛰 （二月节）	春分 （二月中）	清明 （三月节）	谷雨 （三月中）
春季	节气日期 （阳历，下同）	2月4日 或5日	2月19日 或20日	3月5日或 6日	3月20日 或21日	4月4日或 5日	4月20日 或21日
	视太阳到达 黄经（度）	315°	330°	345°	0°	15°	30°
夏季	节气名称	立夏 （四月节）	小满 （四月中）	芒种 （五月节）	夏至 （五月中）	小暑 （六月节）	大暑 （六月中）
	节气日期	5月5日或 6日	5月21日 或22日	6月5日或 6日	6月21日 或22日	7月7日或 8日	7月23日 或24日
	视太阳到达 黄经（度）	45°	60°	75°	90°	105°	120°
秋季	节气名称	立秋 （七月节）	处暑 （七月中）	白露 （八月节）	秋分 （八月中）	寒露 （九月节）	霜降 （九月中）
	节气日期	8月7日或 8日	8月23日 或24日	9月7日或 8日	9月23日 或24日	10月8日 或9日	10月23日 或24日
	视太阳到达 黄经（度）	135°	150°	165°	180°	195°	210°
冬季	节气名称	立冬 （十月节）	小雪 （十月中）	大雪 （十一月节）	冬至 （十一月中）	小寒 （十二月节）	大寒 （十二月中）
	节气日期	11月7日 或8日	11月22日 或23日	12月7日 或8日	12月21日 或22日	1月5日或 6日	1月20日 或21日
	视太阳到达 黄经（度）	225°	240°	255°	270°	285°	300°

◆ 二十四节气表

学经由印度及中亚传输至中国。隋唐又是数理天文学大发展的时期，新的数理方法的应用，使得精确预报日食成为可能。南北大范围的天文大地测量，在著名的天文学家和佛学家僧一行的主持下完成。

北宋是中国传统天学的一个高峰时期，屡次建造大型天文仪器，举世闻名的水运仪象台也是在此时出现。该时期有多部历法问世，相应地进行了数次恒星实测，天文仪器的建造也非常频繁。

元代郭守敬是中国传统天学的最后高峰，他编制的《授时历》被称为中国古代最好的历法。为了编制《授时历》，郭守敬创制和改进了简仪、仰仪、高表等多种天文仪器，并进行了规模空前的天学测量。这个时期，出现了中外天文学交流的第二个高潮，具有伊斯兰教背景的阿拉伯天文学传入了中国，建立回回（回民的旧称）司天监与汉儿司天监，形成既分工又竞争的局面。

明代开始后，中国古代传统天学盛极而衰。明代中期开始，私习天文的禁令逐渐松弛，到了清朝几乎已经消失。崇祯皇帝改历制为《崇祯历书》，欧洲传教士与西方天文学方法传入中国。清代由耶稣会士领导钦天监，汤若望将《崇祯历书》改名为《西洋新法历书》，此后北京城里的钦天监一直是来华耶稣会士最重要的据点。

以欧洲天文学为工具的传统天学，从明代万历年间开始，随着耶稣会士接踵来华被引入中国天学，天学不再是皇家的禁脔（读 jìn luán，比喻珍美的、独自占有，不容别人分享、染指的东西），但在官方钦天监，天学的神圣性质与功能仍和前代没有差别。

◆ 北宋苏颂制水运仪象台，按 1∶5 比例复制

2. 从事天学工作的是什么人

在中国古代，天文观测、历法编制等天学工作由在朝廷中设立的专门机构负责。古代天文机构在隋朝之前叫作太史令、太史局或太史监；唐代时名称变动较多，包括太史局、浑天监、浑仪监、太史监、司天台等；宋元时期叫作司天监、司天台或天文院；明清两朝叫作钦天监。

作为天文机构的官员，历代负责人的官位等级也不尽相同。唐代的太史监曾高达正三品，明清的钦天监监正为正五品。历代天文机构的规模也颇为不同，没有定数。唐代武则天时浑天监的规模最大，多达824人；元代司天监116人，回回司天监33人，太史院110人，共259人；明代钦天监定员41人，最少时仅23人；清代钦天监154人。天文机构人员进行观天的地方，叫作灵台或观象台。

◆ 北京建国门立交桥西南角古观象台

观测与记录

古代天文机构的一个重要工作就是观测和记录天象，中国也因此保留了世界上持续时间最久、内容最为丰富详尽的天文记录。天象记录从类型上大致可以分为特殊天象和异常天象以及行星运动。特殊天象包括日食、月食、掩星等；异常天象包括彗星、新星、流星和太阳黑子。

古代中国对天象进行细致、全面的观察和记录，原因在于，古人认为所有天象都包含着关于人间事务的倾向性意见。日食、月食等罕见天象虽然具有重要信息，但对人间事务难以进行日常性的指导，所以古代天学家对行星动态，特别是五大行星这样常规的天象，一直都在持久关注。

◆ 帛书《五星占》，反映了汉代天文方面杰出的成就

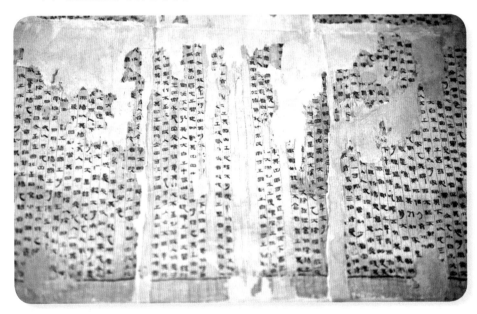

编历和颁历

天文机构另外一项重要工作就是历书的编纂、印制和颁发。历书编制

的基础就是对恒星与天体运行进行观测，掌握必要的数据后推演出各天体的一般运动规律。这一系列推算工作的最后一步就是历书的编纂。古代历书的印制被皇家天文机构所垄断，这延续了上古天子观象授时的政治意义，一方面颁历之权是皇权正统的象征；另一方面，奉行某朝颁行的历法，象征着对该政权的认可和臣服。

制造天文仪器

如果要精确地测定天文数据，必然要使用天文仪器。古代天文机构的另一项重要工作就是研制和管理天文仪器。古代天文仪器主要有圭表、漏刻和仪象三类，承担测量、计时、表演、做礼器等不同功能。在古代中

◆ 简仪（模型）是当时世界最先进的天文仪器

国，天文仪器的研制和铸造需要奏请天子批准，仪器的日常操作和管理的权力也掌握在皇家及他们的代理人手中。天文仪器是严禁私人拥有的，自学天文也是违法行为。天文仪器作为"通天"之器，是皇权的象征，直至清代中后期，钦天监实行西法之后，皇室编制的《皇朝礼器图式》依然将天文仪器置于皇家礼器之首。

天文书籍的编写和管理

除了天文仪器，天文典籍的编制和管理也是官方天文机构需要负责的工作。中国古代最系统、最完整的天文典籍当首推历代官史中的天文、律历、五行等志。天文志的内容一般包括该朝天文大事记、天文仪器的制造情况、天象记录，以及天象对应的星占占辞等。律历志以及历志的内容包

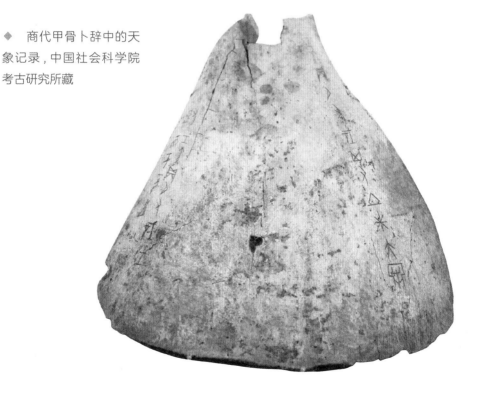

◆ 商代甲骨卜辞中的天象记录，中国社会科学院考古研究所藏

括该朝与制定历法有关的大事，然后给出该朝主要历法的推步原理和基本数据。五行志专述该朝灾异、祥瑞的情况。

历代官修史书共 25 种，其中 18 种史有志。除此之外，上古经史中的天文内容，以及天学家的个人著述，还有大型类书的天学部分，都是与天文有关的史料典籍。与对天文仪器的管理一样，天文典籍在中国古代原则上一直处于"禁书"的状态，非专业人员不能阅读。但针对官修史书中的天文志和律历志，则一直处于比较暧昧的状态，毕竟不能禁止读书人阅读史书。

◆　北宋苏颂著《新仪象法要》

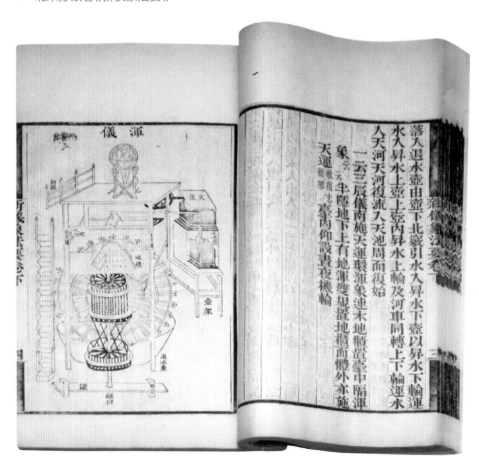

四大发明与天学、地学

065

盘古是怎样开天辟地的

很久很久以前，天地还没有分开，到处是一片混沌。它无边无沿，没有上下左右，也不分东南西北，样子好像一个浑圆的鸡蛋，人类的祖先盘古就孕育在其中。

过了 18000 年，盘古孕育成熟了，他发现眼前一片漆黑，就挥舞自己制造的斧子劈开了这混沌的圆东西。随着一声巨响，圆东西里的混沌渐渐分开了，轻而清的阳气上升，变成了蓝天，重而浊的阴气下沉，变成了大地。从此，宇宙间就有了天地之分。

盘古出世后，头顶蓝天，脚踏大地，挺立在天地之间。以后，天每日增高一丈，地每日增厚一丈，盘古也每日随之长高。又经过 18000 年，天高得不能再高，地厚得不能再厚，盘古自己也变成了身长九万里的巨人，像一根柱子一样撑着天和地，使它们不再变成过去的混沌状态。

◆ 盘古像

盘古开天辟地后，天地间只有他一个人。他的情绪有什么变化，天地也跟着发生不同的变化。他高兴的时候，天空就晴朗；他发怒的时候，天空就阴沉；他哭泣的时候，天空就下雨，落到地上汇成江河湖海；他叹气的时候，大地上就刮起狂风；他眨眨眼睛，

天空就出现闪电；他发出鼾声，空中就响起隆隆的雷鸣声。

　　不知过了多少年，行将就木的盘古倒在地上，不久就离开了他一手创造的世界。他的头部隆起，成为东岳泰山；他的脚朝天，成为西岳华山；他的肚子高耸，成为中岳嵩山；他的两个肩胛，一个成为南岳衡山，另一个成为北岳恒山。他的头发和汗毛，变成了树木和花草。后来，才有了传说中的三皇五帝。

　　盘古开天地的神话是中国古人宇宙观的朴素解释。盘古生前完成开天辟地的伟大业绩，死后留给后人无穷无尽的宝藏，成为中华民族崇拜的英雄。

　　东汉张衡继承了道家对宇宙创生从虚无到天地这一理论，这集中表述在《灵宪》和《浑天仪注》两篇文献之中。张衡认为在天地起源的过程中，"道"起了支配作用，宇宙之初（太素之前）只有一片虚无缥缈且难以描述的虚空，这种持续了很长时间的状态叫作"溟涬"（读 xìng míng），这也是道之根本。道根建立之后，虚无中就产生了元气，进入了太素阶段，此时的元气还处于混沌不分的状态，叫作"庞鸿"，这是道的主干。道干发育之后，元气开始分裂，柔

　◆　张衡，中国东汉时期伟大的天文学家、数学家

067

而清的在外面形成天，刚而浑的在中间形成地，天地间的相互作用产生了日月星辰。

秦汉之后思考天地起源的仍不乏其人，比如宋代理学家朱熹就表示，天地之处只是阴阳二气，二气运行相磨，便出现了许多渣滓，这些渣滓出不去就在中央结成了地。所以，气之清者为天、日月、星辰，在周围做旋转运动；地在中央不动，而不是在下。朱熹的论述俨然有一点儿地心说的迹象了。朱熹还表达过另外一种宇宙循环创生的想法，即如果人间无道，天地就会灭世重回混沌状态，再重新创生循环。关于天地是否必然有一个起源过程，中国古代还有一种观点，即天地亘古不变，宇宙无始也无终。

2. 天是圆的还是方的

古人观天，然后对天的结构、运行及常见的天文现象进行系统化的阐释，于是便出现了不同的天地宇宙模型。到东汉末年，中国关于天的学说主要有三种，分别是盖天说、浑天说与宣夜说。

盖天说

盖天说认为天在上，地在下，天像车盖一样笼罩大地。这应该源自天圆地方等原始天地观念，其中又包括几种不同的说法，主要有《周髀》盖天说与周髀家盖天说。

《周髀》盖天说出自《周髀算经》(《周髀算经》在初唐之前一直被称为《周髀》，髀就是高表，因高表及相应的测望方法源于周代，所以叫周髀。该书作者及成书年代目前仍然说法不一。唐代李淳风作注之后，《周髀》由一卷扩展到二卷，并列入算经十书中，于是有算经之名。比较特殊的是，该书自始至终没有一丝星占学内容，堪称一本纯粹的数理天文著作)，

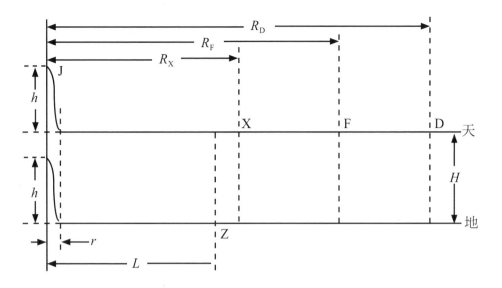

◆ 盖天说宇宙示意图（右半部）

J：北极（天中）

X：夏至日所在（日中时）

F：春分、秋分日所在（日中时）

D：冬至日所在（日中时）

Z：周地（洛邑，今河南洛阳）所在

$r = 11500$ 里，极下璇玑半径

$R_X = 119000$ 里，夏至日道半径

$R_F = 1\frac{1}{2}R_X = 178500$ 里，春分、秋分日道半径

$R_D = 2R_X = 238000$ 里，冬至日道半径

$L = 103000$ 里，周地距极远近

$H = 80000$ 里，天地间距离

$h = 60000$ 里，极下璇玑之高

基础理论是，天以北极为中心，地以北极极下的"璇玑"（读 xuán jī）为中心，天地的形状都是中心凸起而四周皆为扁平的圆面，天地为平行平面，距离恒定为 8 万里；太阳绕北极运转，一年四季有不同的运行轨道，称为"七衡六间"；太阳光照的范围为 16.7 万里，有光照的地方是白天，无光照的地方是黑夜。

《周髀算经》还给出了宇宙的尺度，冬至之日太阳运行的轨道（北衡），是太阳运行距离轨道中心也就是北极的最远之处，此处的轨道半径为 23.8

万里，太阳在此处又可以将它的光芒向四周射出 16.7 万里，两值相加得到宇宙半径 40.5 万里，因此宇宙直径是 81 万里。《周髀算经》中的盖天说宇宙模型和给出的一些天地参数，构成了一个相当自洽的公理体系。在这个天地模型中，盖天说可以解释昼夜交替、长短变化和四季变换等现象。

《隋书·天文志》中提到一种"周髀家盖天模型"，该模型没有给出明确的天地数理结构，认为天圆如张盖，地方如棋局，天盖周日视运转的转轴是天北极和人居地之间的连线，所以"天之形如倚盖"，天的形状如同斜倚在大地上的车盖。为了解释日落，该模型设定了天南高北低的形状（倚盖），天带着太阳转到南方高处，就是日出；转到北方低处，太阳就被大地挡住了，所以日落。不同季节的昼夜长短则通过阴阳之气来解释。学术界认为周髀家盖天说应早于《周髀》盖天说，并被后者取代。

浑天说

◆ 浑天说示意图

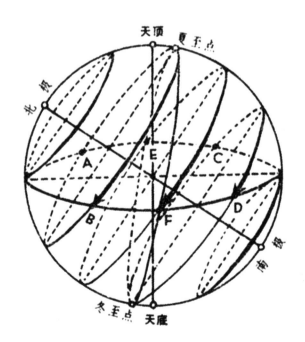

一般认为系统性的浑天说形成稍晚于盖天说，至少在西汉末年开始对盖天说进行了激烈的批评，演变成了一场轰轰烈烈的"浑盖之争"。浑天说在此次争论中胜出，浑天模型成为之后中国古代占主导地位的天地结构模型。浑天说认为天是一个封闭球壳，日月星辰附着在球壳内表面，地处于包围的中

心，天球每天绕过南北天极的轴线运转一周，带着日月星辰穿行地下。

东汉张衡将浑天说理论系统化、完备化，代表文本是残留下来的《浑天仪》（或称《浑天仪注》。现存张衡关于宇宙结构和模型的著作均为残篇，分布于《灵宪》《浑仪注》《浑天仪图注》之中，对这些文献收录比较齐全的是唐代的《开元占经》）最经典的描述莫过于"浑天如鸡子，天体如弹丸，地如鸡子中黄，孤居于内，天大而地小"。这个浑天模型提供了一个与现代球面天文学中相似的天球模型，克服了盖天说的不足，能够比较准确地解释所见各种天象。

浑天理论中"地如鸡子中黄"，是不是能够说明中国在汉代就认识到大地是球形的呢？其实不然，这是一种误读。这个描述只是在比喻天和地浑然一体的关系，实际上浑天家还是主张地平说。而古希腊的球形大地概念包含着一个非常重要的要素，即大地的尺度与天穹相比是可以忽略不计的。在中国古代的天地观念中，无论是盖天说还是浑天说，天与地尺度相当，始终处于对等的地位。

◆　福建泉州博物馆前浑天仪（仿）

浑天仪与地动仪是怎么发明的

张衡（78—139）是中国东汉时期伟大的科学家，他曾在京城洛阳担任太史令，主要掌管天文历法。为了探明自然界的奥秘，张衡对书本中和观察到的材料进行分析研究，开始了试制"观天察地"仪器的工作。他把研究的心得写成《灵宪》。在这本书里，他告诉人们：天是球形的，像个鸡蛋，天就像鸡蛋壳，包在地的外面，地就像蛋黄。这就是"浑天说"。

接着，张衡根据这种"浑天说"的理论，开始设计、制造仪器了。历经千辛万苦，一个当时世界上最先进的天文仪器——浑天仪诞生了。这个大铜球很像今天的地球仪，它装在一个倾斜的轴上，利用水力转动，它转动一周的速度恰好和地球自转一周的速度相等。而且在这个人造的天体上，可以准确地看到太空中的星象。

◆ 北京中华世纪坛张衡雕像，手持地动仪

后来，张衡经过努力钻研，又发明创造了世界上第一架能预报地震的仪器——地动仪。张衡注意到，在地震发生时，远离震中的大地会发生两种运动：一种是来自震中方向的水平震动，另一种是垂直于地表的震动。在远离震中的地方，地震时第一次发生的水平震动，总是使地面背向震中朝外移动。在这一科学发现的基础上，张衡利用惯性原理发明了地动仪。

张衡在科学上的创造发明是伟大的，由于他的贡献突出，联合国天文组织将月球背面的一个环形山命名为"张衡环形山"，将太阳系中的1802号小行星命名为"张衡星"。

宣夜说

浑天、盖天之名皆有来历，而宣夜一词做何解释，目前还不能完全搞清楚。汉灵帝时，蔡邕上书表示宣夜说已经失去了传承，只闻它的名字，却不知具体内容。《晋书·天文志》对宣夜说的观点有些许记载，认为天是没有形质的，是一片虚空，日月星辰浮于虚空之中，自由运行。这种说法与现代宇宙学颇有形似之处，所以常常被后人做适当发挥后，奉为中国古代最先进的宇宙学说。

◆　这幅北魏墓室顶部的壁画，绘有星辰 300 余颗，中央用淡蓝色绘出一条纵贯南北的银河

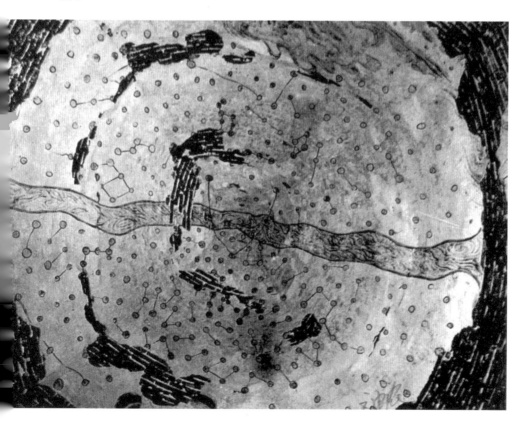

虽然宣夜说在否定天有形质这点上比盖天、浑天两种说法高明，且在明清西学东渐的时候，在乾嘉学者抵制传教士所宣传的欧洲水晶球宇宙体系（明末传教士最早介绍入华的宇宙结构学说，与天主教教义密切相关）时作为所谓的"中源"起到了理论支持作用，但除去思想上的深刻，实际上宣夜说夸大了天体的自由运行，且没有关注天体运行的规律，也没有给出天地结构的任何定量化描述，不能对基本的天文现象给出解释。这种理论与实际应用的严重脱节，使得宣夜说失去了继续发展的动力，早早消失于历史长河之中。

ᚲ 3. 天外还有天吗

中国古代除了儒家和道家所持有的中国本土传统宇宙学说之外，还有源自印度、随佛教传入中国的佛教宇宙观，并对中国古代人对宇宙的看法产生了一定的影响。佛教中的宇宙一般被叫作"世界"，《楞严经》中说"世"代表过去、现在、未来时间上的流逝和变化，"界"为界畔，是空间上的界定。这与中国"四方上下曰宇，古往今来曰宙"的古代"宇宙"意思几乎一致。

佛经中的"世界"也叫"世间"，分为"众生世界"和"器世界"两个层面，众生世界又称有情众生，器世界则是一切有情众生可居住的国土世界，因此，具有更多物质含义的器世界，更接近天文学上的宇宙概念。佛教宇宙学中用来表示时间的一个重要概念就是"劫"，婆罗门教义认为劫末有劫火出现，烧毁一切，然后世界被重新创造。劫火过后，天地还未成之初，就有一个众生世界。众生最初是"天使"，以"欢喜"为食，无须日月，没有男女、尊卑、上下之分，自身可发光，飞行在空中，寿命长久。但各种贪念让众生堕落，自身不再发光，不能飞行，所以需要一个国土世界，也就是器世界来居住。

器世界的基本结构如下：金轮之上须弥山（须弥山又称苏迷卢山、弥楼山，意思是宝山、妙高山、妙光山，是印度佛教中世界的中心）处于正中，另有七山围绕；构成须弥山的材料是金、银、玻璃、琉璃四宝，其余七山由金组成；七山之外有大洲，即四大部洲，四洲之外又有铁组成的轮围山；九山

◆　北京雍和宫大殿前铜须弥山

之间又有八海。日月星辰在风轮的托持和吹动下，绕须弥山而转，运行高度是须弥山的一半，因此在四大洲形成昼夜交换和季节变化。

4. 皇帝为什么自称为天子

长期以来，流行着这样一种说法，认为古代中国是农业国，而农业需要天文学，所以古代中国人特别重视天文学。这个说法乍听似乎很有道理，但如果稍加思考，就会发现其中的逻辑并不能自洽。首先，如果农业

需要天文学，那全世界几乎所有民族都有农业，在他们那里是不是天文学都具有像古代中国文化中天学那样的特殊地位呢？

如果说农业需要天文学，那么航海更需要天文学，古希腊人既有农业又依赖于航海，天文学在古希腊文化中有没有取得像古代中国文化中天学所居的特殊地位呢？举一个例子，与中国早期官方史书相比，在《荷马史诗》或希罗多德的《历史》中能找到多少有关天文学的论述？而中国历代官史中的"天学三志"（律历志、天文志、五行志），天文志有很大一部分专讲占星学，五行志专讲灾异、祥瑞，显然都与农业无关。

农业需要天文学，但需要到什么程度？绝大部分农民并不需要懂天文学。此外，农业与农具制造、育种、土壤改良、水利等方面有着更为直

◆ 清代焦秉贞《御制耕织全图》中的耕第十五图——收割

接的密切关系，为何这些知识反而不受重视？所有问题，归根结底都引导到同一个方向：中国古代天学的性质和功能与现代意义上的天文学是否相同？如若不相同，区别在哪里？

　　阅读一些关于上古时期的典籍，你会惊讶于其中对于天学事务记载的频率是如此之高。《虞书》中第一篇《尧典》，其中对于"历象日月星辰，敬授人时"的工作叙述得非常详细，有种"作为君主，他的最重要的工作就是授时"的感觉。《史记》中对舜接替尧继位的过程进行了描述："于是帝尧老，命舜摄行天子之政，以观天命。舜乃在璇玑玉衡，以齐七政……"

　　综合两段文字，可以看出天子之政就是"观天命"，要怎么观天命呢？

舜通过一个叫璇玑玉衡的装置，来检验七政，也就是日、月及金、木、水、火、土五星的运行是不是和他（天子）安排的一样。而天子对天学事务的安排就是尧所做的根据日月星辰运行的情况来制定历法，教导人民按照时令从事生产活动，这种责任似乎是天子之所以是天之子的意义所在。董仲舒在《春秋繁露》中表示，能够沟通天地人三者的人方能为王。

◆　帝尧像，出自《明刻历代帝贤像》。相传尧曾设官掌管时令，制定历法

　　在古代中国人心目中，天是人格化的。天命的观念，则是儒家政治理论中的重要组成部分。天命有三点性质：天命是可知的；天命会改变；天命归于有"德"者，转移之机即在于有德与暴虐。能通天达地的人，必定是可知天命的，他的职责就是将天命传达给其他民众。那么要如何向世人昭示自己获得天命？又依靠怎样的

◆ 北京故宫博物院收藏的金双龙钮"天子之宝"

机制来获得上天的知识呢？答案既简单又明显：靠天学。

灵台、明堂以及这类建筑所象征的整套天学事务，就是最为重要的通天手段。历法及与此有关的各种术数归根结底也有着同样的性质和功能。天学是通天手段，也是君王政事，只有天子与天子授命的人才可以涉足。所以，古代天学机构是朝廷的一个部门，供职于其中的天学家是朝廷官员，也在政治中占有重要地位，对于公众而言，天学则是一门被严厉禁锢的学问，历朝都颁布过对于民间私藏、私习天文的禁令。在早期，天学是王权成立的必要条件，晚期逐渐演变为王权的象征。

✿ 5. 皇帝如何安排一年的季节和月份

观象授时是早期天子执政最重要的工作，代表着王权受命于天的正统性。在天文观测与历法工作都还不成体系的中国古代早期社会，天子如何安排一年的季节和月份呢？基本有五种与天象相关的授时方法。

中星授时：天文学上，将在天球上过北极、天顶和正南的大圆叫作天球子午线，天球子午线所形成的经圈叫作天球子午圈。天体正好过子午圈叫作中天。某一时刻正好位于正东向、正南向、正北向和正西向的星叫作正星，某一时刻南部天空过中天的星叫作中星，平旦（指太阳停留在地平线上，意为黎明）开始时刻观测到的中星叫作旦中星，黄昏终止时刻观测到的中星叫作昏中星。

《尚书·尧典》明确记载："日中、星鸟，以殷仲春；日永星火，以正仲夏；宵中、星虚，以殷仲秋；日短、星昴，以正仲冬。"在这里，"日中"和"宵中"是指昼夜等长，"日永"和"日短"分别指昼最长和昼最短；"鸟""火""虚""昴"是指该季节黄昏中天的各星宿。这句话的意思是，昼夜等长和鸟星昏中，是春分到来的标志；白昼最长和火星昏中，是夏至到来的标志；昼夜等长和虚星昏中，是秋分到来的标志；白昼最短和昴星昏中，是冬至到来的标志。

斗建授时：北斗所指就是斗建，斗建的变化也可以反映太阳周年视运动的情况。具体方法是以北斗七星斗柄连线的指向来授时，所谓"斗柄东指天下皆春"。

月相授时：通过月亮表现出的阴晴圆缺来授时，实质上的天象基础是太阳和月亮之间的位置关系变化。

测影授时：利用圭表测定太阳正午影长来授时，影长数值最大时为冬至，最小时为夏至，居中时为春分、秋分。

太阳位置授时：太阳位置是无法直接测量的，必须根据其他天象间接推求，而且必须具备完整的参照系统（二十八宿），因此这种方法出现时间相对较晚。

在历法发展完备之后，观象授时的方法便渐渐失去了最初的作用。但其中包含的观测手段则成了人们验证历法以及调整历法的重要方法。

第三节

上观天象，下知人事

1. 牛郎织女怎么跑到天上去的

通过观测实际天象，来安排一年的季节与月份，这是在历法知识尚不完备的时候，人们观天知时的重要手段。那么中国古代的观象系统是如何确立的呢？首先，就是给星辰命名，以及给星空分区，从而掌握恒星的相

◆ 西汉彗星图（部分摹绘），反映了中国当时天文学的突出成就

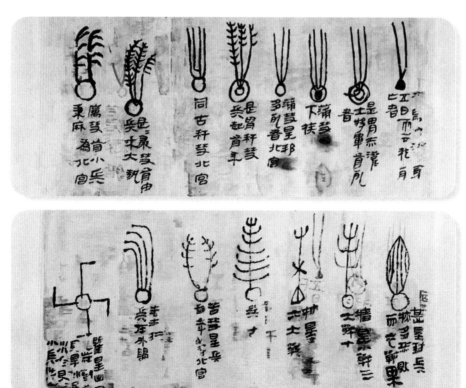

彩图青少版中国科技通史

对位置。为了方便描述和指称恒星，命名是十分必要的，夏商周三代正处于中国古代天学发展的早期阶段，人们通常借用身边熟悉的事物名称对恒星进行命名，比如狗、牛、狼等动物，织女、老人等人物，车、舟、箕、斗等生活用具，人间万物和社会组织几乎全都被照搬到了星空上。其中最有名的，便是牛郎织女的民间传说。传说古代天帝的孙女织女擅长织布，每天给天空织彩霞。一个偶然的机会，她来到人间，偷偷嫁给河西的牛郎，他们生了一儿一女，日子过得很美满。不料此事惹怒了天帝，他命令天兵天将将织女捉回天宫，责令他们夫妻分离，只允许每年七月初七夜在鹊桥上相会。这便是"七夕"的由来。

对星空最早的划分可能是将恒星分为两象，也就是龙和虎。在先民有了四季的概念之后，在两象划分的基础上发展为四象，又称为四陆、四神或四灵，也就是东方龙、西方虎、南方雀、北方龟的格局。至春秋战国，又将五行五色的文化与方位相配，最后形成了东方苍龙、南方朱雀、西方白虎、北方玄武的传统说法（玄武即乌龟，也可将它视为龟蛇合体的形象。在汉代画像石中被绘制成乌龟身上盘绕一条蛇）。

◆ 四神天象图，这幅图中有西王母和她的丈夫东王公，还有大名鼎鼎的四神——青龙、白虎、朱雀、玄武。南阳汉画馆藏汉画拓片

将星象划分为四象对辨认恒星相对位置来说，只能给人一个十分模糊的概念。如果要更准确地描述恒星，方便观测和记忆，把恒星根据距离远近划分为不同的星群，各星群星数不等，这样的星群，在古代叫作星官。这与西方天文系统中的星座有着相同的意义。星官所包括的范围比四象精细得多，使人们对星空中各恒星的区分更加清晰。

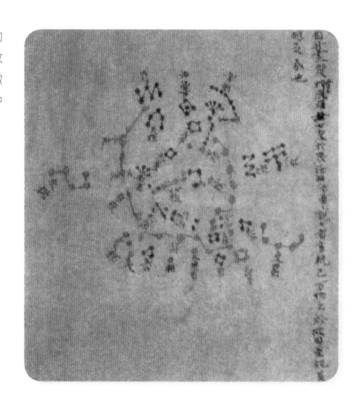

◆ 世界现存最早的天象图——《唐代敦煌卷子星图》将紫微垣画在以北极星为中心的圆形平面投影上

为了记住星官和恒星的名称和方位，古人将这些名称编写成韵文、诗歌。早期的作品有北魏张渊的《观象赋》，隋代李播的《天文大象赋》，直到《步天歌》的出现，成为此类作品集大成之作（《步天歌》成书的确切年代和作者至今未能确定，一般认为是唐代王希明的作品）。《步天歌》用七言韵文介绍陈卓所总结的二百八十三官一千四百六十四星，并配有星图。《步天歌》对于辨认和记忆全天星斗来说，是一种很好的参考手册。然而

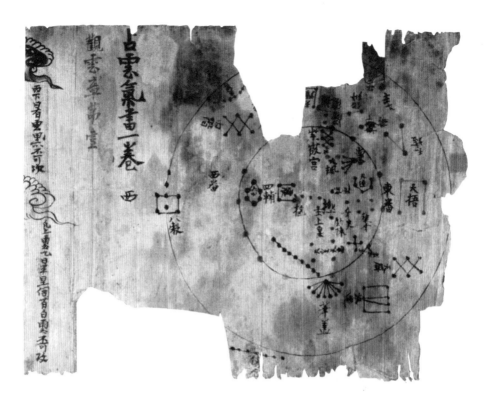

◆ 《敦煌紫微垣星图》（局部），出土于甘肃敦煌石窟

《步天歌》在中国古代天学史上能产生重要影响的原因，更在于它首次明确地把可观测到的全部天空分为三十一个大区，即在后世一直流传的三垣二十八宿分区法。

所谓三垣指的是紫微垣、天市垣和太微垣。三垣中星官名称各有特点，紫微垣星官以帝、太子、后、少尉等与帝王有关的名称命名；太微垣星官多以三公、九卿等官署和灵台、明堂等建筑命名；天市垣主要以河中、河间、晋、郑等国名、地名命名。三垣往外环列着二十八宿，绕天一周。二十八宿沿黄道将周天分割成二十八个宽窄不等的狭长天区，这样日、月、五星等天体的位置可以用"入某宿某度"表示（关于二十八宿在中国出现的时间，可以追溯至周代之前，但对于二十八宿是否起源于中国，目前还是有争论的。古代印度、阿拉伯、伊朗和埃及，都曾经使用过二十八宿体

◆ 五星二十八宿神形象

系。现有观点包括中国起源说、印度起源说、巴比伦起源说，然后传播到其他国家；以及中国独立起源说、印度独立起源说，互相之间不是传播的关系）。因此，中国古代的三垣二十八宿体系实际上还起到了标识天体和天象位置的坐标系作用。

⚘ 2. 古人如何通过天象进行占卜

　　星占学在几乎所有古代文明中，都是一个引人注目的部分。根据所占事项，星占学可分为两大类型：军国星占学与生辰星占学。前者专指以战争胜负、年成丰歉、王朝兴衰、帝王安危善恶等事项为待占对象的星占学体系；后者根据个人出生时刻各种天象来占测那人一生的穷通祸福。古代中国拥有一个纯粹而完备的军国星占学体系，但并未产生出"土生土长"的生辰星占学。在中国古代传统思维中，只有皇家才能与真实天象发生联系，平民和天象之间并没有这种关系。

《三国演义》中谋士蒯良对刘表说："某夜来仰观，见一将星欲坠地，以分野度之，必应孙坚也。"这里的将星是如何与孙坚对应起来的呢？通过分野。若要以天象预占天下军国大事，就必然要解决天象与地界的对应关系，古代中国人采用的方法就是"分野"理论。它的基本思想是将天球划分为若干天区，使之与地上的郡国州府分别对应，如此某一天区出现某种天象，它所主的吉凶就与地上对应的这一地区的祸福直接联系了起来。

首先将天区划分成二十八宿，地上州国皆有对应之星；其次，设立

◆ 这幅《天象分野图》保留了隋唐以来分野图的精华

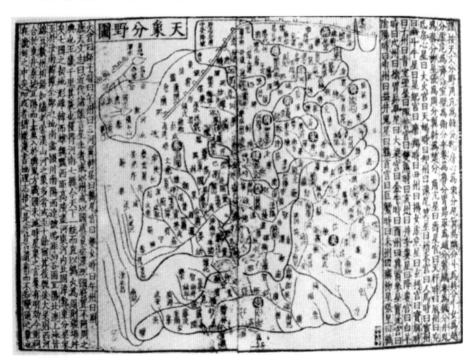

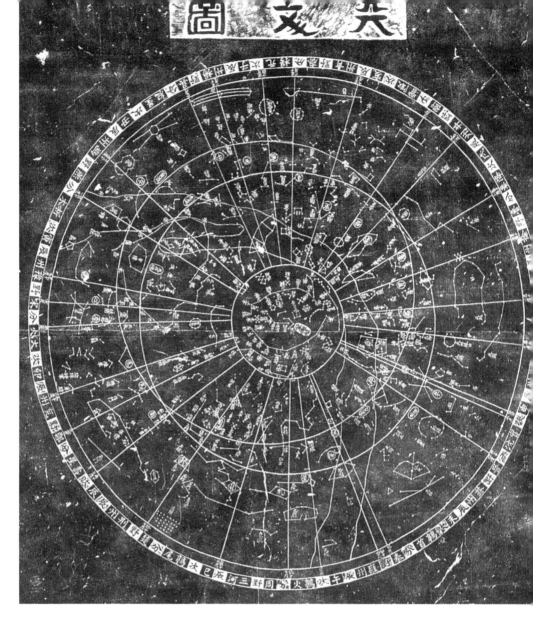

◆ 宋代石刻天文图碑（拓片）刻绘了恒星、赤道、黄道、二十八宿区线以及银河

一个假想天体"太岁"，它沿自东向西的方向在天上运行，运行一周需要十二年。沿太岁所行方向划分为"十二辰"，用十二地支表示；太岁与木星（古代称岁星）的运行速度相同，但运行方向相反。沿木星所行方向划分为"十二次"，各有专名。这两种划分方法与二十八宿、十二古国、十二州等，拥有整套的对应方法。

分野之说对星占而言必不可少，它使用的方法，不过是依据天象所对之宿，推占它对应地区的事情而已。

军国星占学的任务是占卜战争胜负、年成丰歉、王朝安危等，战争和年成是最重要的主题。而被赋予星占意义的天象可分为七大类：首先是太阳，包括日食本身，蚀列宿占（太阳或月亮运行至二十八宿中不同位置时发生日食或月食，占卜意义各不相同），还有光明、变色等多种日面状况；之后是月亮，月食及蚀列宿占，月食五星（月亮与五大行星中某星处于同一宿时发生月食），月运动状况、月面状况，月犯列宿（月球接近或掩蚀二十八宿之不同宿），月犯中外星官，月晕列宿及中外星官；行星，亮度、颜色、大小、形状，自身的运行状况，行星经过或接近星宿星官，诸行星

◆ 汉代蜀地（今四川）"五星出东方利中国"锦质护膊，新疆和田民丰尼雅遗址出土

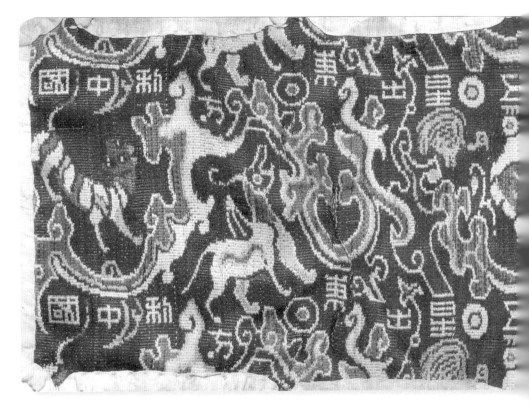

之间的相对位置；第四类是恒星，包括本身亮度和颜色，及客星出现；五是彗星、流星、陨星；六是瑞星和妖星；最后是各种大气现象。

ℭℜ 3. 天学能解决什么问题

中国古代天学的主要功能有两个：授时与星占，授时是形式，星占是本质。无论授时还是星占，它的基础都是历法的编制和改进，而历法的基本问题，就是在给定的时间、地点，推算出日、月、五大行星在天球上的位置，这也是古代天文学要解决的基本问题。

为了解决这个问题，古代中国天学家使用了"数值模型"的方法，具体是观测行星在一个"会合周期"中的表现，并给出详细的描述，然后从一个理想的起算点开始，利用"会合周期"的叠加，推算出日、月、五星任意时刻在天球上的位置。

确定天体位置需要坐标，中国古代一直使用赤道坐标，也就是以地球赤道面在天球上的投影为基准的坐标系。这个基准面可以通过观测特定恒星围绕北天极的周日视运动来确定。

除了赤道坐标，古代中国人对作为日、月运行轨道的黄道也有所了解。通常日、月、五星在黄道附近运动，使用在黄道上入某宿多少度来表示。那么古代中国是否也存在一种黄道坐标呢？答案是否定的，这其实是一种与西方不同的黄道坐标，现代学者称之为"伪黄道坐标"。"伪黄道"虽然有着符合实际情况的黄道平面，但却没有定义黄极，而是利用从天球北极向南方延伸的赤经线与黄道面的交点来量度天体位置，这样所得的数值与正确的黄经、黄纬都不相同。

（本章执笔：张楠博士）

中外科学技术对照大事年表

（远古到1911年）
天学

■ 中　　■ 外

苏美尔埃雷克出现刻有象形符号
的泥板，可能是神庙记账告示

约公元前 3500 年 ▶ **公元前 17—公元前16 世纪**

中国出现迄今已知最早的甲骨文

马萨利亚 (Μασσαλία, Massalía) 的毕特阿斯
(Πυθέας, Pythéas) 航往北极地区，指出北天极
处无肉眼可见的恒星

公元前 3 世纪 ▶ **公元前 4 世纪中后期** **公元前 4 世纪中叶**

阿里斯塔克发明半球形日晷，首次明确提出"日心说"，
著《论日月之大小及距离》，求得地球、月球和日球
三者直径及月距、日距等 5 个天文数据的比例

阿玻罗尼俄斯把偏心系统用于外行星而将均轮
中心定为日球，可能略近于一千八百年后第谷
的体系

黑海南岸的赫剌克
勒得斯从水星和
金星光度变化推
断它们绕太阳而
非地球旋转

公元前 3 世纪末 ▶ **公元前 2 世纪**

希帕耳科斯著《阿剌托斯与欧多克索斯〈天象〉之评
论》，以赤经、赤纬列出许多天体位置，编成准确至
20′ 的星表并制作天球仪，发现天球旋转轴的缓慢变
化即分点岁差，并测得其数值不小于每世纪 1°（现代
值 1.4°），重新测得接近现代值的地月距与地球半径
之比，测定黄白交角为 5°（与现代值差 3%），提出"偏
心圆"地心模型，用"均轮－本轮"模型解释月球运
动（仅在朔望点附近的预测才准确）

产生第一个含元音的字母
系统：希腊字母表

约公元前 800 年

《春秋》开始记
载日食

公元前 722 年

巴比伦发现日月交
食的沙罗周期

公元前 7 世纪

《春秋》中出现哈雷彗星
的最早记录

公元前 613 年

《左传》中首次记载"日
南至""分至启闭"

公元前 655 年

《春秋》首次记
录天琴座流星雨

公元前 687 年

二十八宿体系产生，开始用圭表观测日影
长度来确定冬至、夏至

约公元前 600 年

公元前 6 世纪

阿那克西墨涅斯提出世界的本原是空气，认为大
地和行星都浮游于空气中，月亮由于反射太阳光
而发光

公元前 4 世纪

公元前 589 年

甘德、石申发现行星逆行，测定金星、木星会合周期

叙拉古的希刻塔斯和厄克方托斯指出天体每日东升西落
是地球自转造成，可能是第一次明确使用地球的概念

欧多克索斯第一次用几何学构建天体运行的同心球面模
型；创立气候带理论，把地球按纬度划分为气候带并说
明其宜居情况

中国应用十九年
七闰法

马王堆汉墓帛书《五星占》的
写定年代下限，表明当时对行
星周期已有很好掌握

公元前 168 年

《太初历》确定"无
中气之月置闰"法

公元前 139 年

公元前 104 年

《淮南子·天文训》完
整出现二十四节气

波赛多尼俄斯通过观测老人星在罗得岛和亚历山大里亚的高度推算得到偏小的地球周长，又高估欧亚大陆长度，被后人反复引用，增强了一千六百年后哥伦布认为向西航行可更快到达印度的乐观倾向；发现大气折射对天体测量的影响

公元前 2 世纪、公元前 1 世纪之交　　公元前 1 世纪

古希腊青铜机械装置"Antikythera 机"随船沉没，这是一种与现代机械钟相似的天文钟，能计算并显示日、月等天体的运动，功能与 1092 年中国北宋时期的水运仪象台如出一辙

虞喜发现岁差，定为每五十年冬至点西退一度

4 世纪上半叶　　3—4 世纪之交

5 世纪

涅斯托利派被裁定为异端，又受一性论派排挤，于 489 年流亡到波斯帝国，导致继公元前 4 世纪末以来，希腊学者和文化再次向东扩散

希腊天文学已传入梵语世界

陈卓汇总三家星占体系，形成统一的恒星系统

529 年　　600 年

虔诚的查士丁尼一世下令关闭有 900 年历史的柏拉图学园

《皇极历》出现第一张太阳运动不均匀性改正表 [日躔（读 chán）表]

刘歆在《世经》中首创
天文历史年代学

公元前 1—公元 1 世纪之交

1 世纪上半叶

革弥诺斯著《天文学导论》，除广
泛描述天文现象外，还详细讨论了
月球运动并提出了平均运动概念
（后者是否为窜入有争议）

中国在历法争论中明确了日月循黄
道，月行有迟疾

托勒密著古典数理天文学的百科全书
《至大论》，引领"地心说"风潮。另
著《行星公设》《日晷座板》《球面
投影法》，以及《地理学》和五卷本《光
学》，奠定了托勒密古希腊科学集大
成者的地位

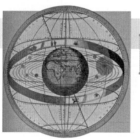

2 世纪中叶

1—2 世纪之交

张衡作《灵宪》，制多圈浑仪、漏水转浑
天仪等，后者实为铜制浑象，绘有黄赤道、
南北极、恒显圈、恒隐圈、二十八宿和全
天星官，外设地平环和日月行星模拟物。
浑天说渐成主流

李淳风编成《麟德历》，废除章蔀
（读 bù）纪元，重新采用定朔

7 世纪初

665 年

7 世纪、8 世纪之交

刘焯创定气

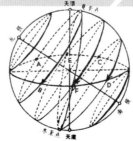

僧一行为求地中，组织天文大
地测量，推翻"千里一寸"旧说，
编纂《大衍历》，与梁令瓒研制
水运浑天、黄道游仪

瞿昙悉达编纂《开元占经》，翻译含印度数字、希腊天文学成分的《九执历》

718—728 年

马孟为巩固政权，830 年成立智慧宫，广揽学者参与翻译和学术工作

8 世纪中叶

9 世纪初

李筌在《太白阴经》里记载水准仪形制、构造

阿拔斯王朝兴起，采取文化宗教包容政策，着手翻译希腊典籍以图建立阿拉伯学术体系，提高帝国文化地位和声望

耶律楚材在成吉思汗西征途中与伊斯兰天文学家争论月食问题

1220 年

苏颂《新仪象法要》刻印

1172 年

西班牙刊布《阿尔方索天文表》

1221 年

1252 年

1259 年

丘处机与撒马尔罕天文学家讨论日偏食

马拉盖天文台建成

1281 年

1279 年

郭守敬编制的当时世界最精确的《授时历》颁行，使用了三次内插法（招差法）

郭守敬提案"四海测验"，即大规模全国天文测量，测得南北长一万多里，东西横跨五千里之遥。所测得北极出地高度与现代值相比，平均误差为 0.2°—0.35°

13 世纪末

1420 年

郭守敬主持研制体现"一仪一效"欧洲风格的简仪、"巨型化"阿拉伯风格的高表与应用小孔成像原理的景符等多种仪器

撒马尔罕的乌鲁伯格天文台建成，编纂《乌鲁伯格天文表》

巴塔尼著《天体运动》（1116 年译成拉丁文）

9 世纪后半叶

9 世纪末—10 世纪中叶

天文学家塔比·伊本·库拉翻译了欧几里得、阿基米德、阿玻罗尼俄斯、托勒密等人的许多作品

德意志贵族赫尔曼将阿拉伯天文学（特别是天文仪器原理和使用方法）传入欧洲；星盘在欧洲传播开来

苏颂水运仪象台建成，包括浑仪、浑象和报时器装置三个部分

西班牙在阿方索六世领导下收复重镇托莱多，获得大量阿拉伯科学典籍，许多阿拉伯学者归入其治下

1092 年

1085 年

哥白尼《天体运行论》问世，建立日心地动的宇宙体系

第谷先后观测仙后座超新星（第谷超新星），发现它位于恒星天球层；观测第谷彗星，证明它穿行于诸行星轨道之间

开普勒公布行星运动第一、第二定律

伽利略制成第一架天文望远镜

1543 年

1572 年、1577 年

1609 年

汤若望改《崇祯历书》为《西洋新法历书》，次年颁行，掌钦天监

伽利略论证哥白尼日心体系的正确性

1644 年

约 1638 年

1632 年

1629—1634 年

加斯科因发明装在望远镜上的附件——测微器，天文观测精度有大幅提高

徐光启召请耶稣会士编纂成《崇祯历书》

波兰传教士穆尼阁将对数传到中国，立即在历法计算上开始应用

1646 年

第一个气象观测站在佛罗伦萨建立

1653 年

哈雷将自己观测到的恒星位置与《至大论》中的记载、第谷星表比较，发现恒星并不是固定不动的，而是有各自本身的运动，称为"自行"

1717 年

贝塞尔成功测出恒星视差，扫除了哥白尼日心说的最后障碍，为恒星天文学发展奠定了基础

1838 年

布兰德斯绘成第一张天气图，这是近代气象学研究开始的标志

1820 年

霍华德对云进行分类，标志着描述气象学的问世

1803 年

第一张月球照片拍摄成功，是第一幅天文照片，开启了在天文观测中用照相底片代替人眼的先河

1840 年

1844 年

贝塞尔提出天狼星应有一颗暗伴星，这在 1862 年得到证实

罗斯发现首例旋涡星云，1924 年证明它是类似银河系的庞大恒星集团——河外星系

1845 年

1846 年

加勒发现海王星，牛顿力学、引力理论和摄动理论再次经受了强检验

1864 年

哈金斯观测天龙座行星状星云光谱时，发现气体星云

1863 年

塞奇开创恒星光谱分类研究，引出了恒星演化的想法

1859 年

丁达尔提出温室效应

1868 年

威廉·哈金斯首次测定天狼星光谱线位移

1873 年

耶稣会士创建中国第一家近代科研机构——徐家汇观象台

布拉德雷发现光行差，进一步支持了日心地动说和丹麦天文学家罗默1676年光速有限的结论

梅西叶发表第一份星云星团表
赫歇尔发现天王星

1725—1728 年

1781 年

皮亚齐发现直径约 1000 千米的第一颗小行星谷神星（现已归为与冥王星同类的矮行星）

赫歇尔刊布第一个双星表，也包括三合星、聚星，通过物理双星中两子星的轨道，表明万有引力定律同样适用于远离太阳系的恒星系统

1782 年

1801 年

1799 年

1785 年

拉普拉斯《天体力学》前两卷出版，论述引力理论和均匀流体自转的平衡形状，以及潮汐、岁差、章动、月球天平动和土星环等理论

赫歇尔在他的胞妹卡罗琳·赫歇尔配合下，根据恒星计数推断银河系结构

斯基亚帕雷利宣称火星表面有 canali（意大利文，意为沟道）特征，被误译为英文的 canals（运河），使火星文明之争日渐激烈
火卫一和火卫二被发现

贝利发现星团变星，为建立银河系乃至宇宙距离尺度、探讨球状星团的年龄等发挥了重要作用

1877 年

1879 年

1895 年

古德等人发现同银道面倾斜 16°—20° 的亮星集中的"古德带"，它的起源之谜至今未解

莱维特发现造父变星的周光关系：视星等同光变周期的对数成正比关系

1908 年

1897 年

口径 101 厘米的叶凯士望远镜落成，至今仍是世界上最大的折射望远镜

第 三 章

俯察地理：
中国古代地学

　　天学和地学是中国古代最基础的两大自然知识系统。跟天学相比，地学的内容更为丰富，包括了地理、地质、气象、物候、动物、植物、矿物等。与产生于欧洲的现代地球科学有很大不同，中国古代地学在知识体系上偏重于人文地理，尤其是军事地理、行政地理、经济地理与民族地理等，有着浓厚的官方色彩，重视实用，还融合了宗教与外来文化的影响。

　　中国古代地学方面的记载主要集中分布在经部尚书类、史部地理类和子部术数类，并没有形成完整的地学体系。但历代的与地理学相关的著作，如《山海经》《汉书·地理志》《大唐西域记》《徐霞客游记》等，都代表着中国古代地学的某一个分支，为后人的学习与研究提供了丰富的资料。

中国古人眼中的世界

⌒ 1. 古代地学有哪些代表性著作

中国古代地学萌芽于夏商周时期。西周初年至春秋中叶的诗歌总集《诗经》，已经包含了很多地理知识，反映了当时人们对流水地貌、土壤、植被等方面的认知。

◆ 《山海经》是一部记录远古自然地理和人文地理的专著

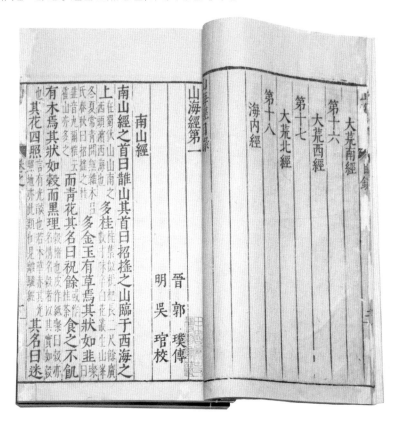

真正意义上最早的地学著作是约成书于公元前5世纪的《尚书》中的一篇《禹贡》。《禹贡》把天下划分为九个州，分别叙述了各州内的山川、湖泊、土壤、物产，目的是促进区域政治地理的管理。除此之外，《山海经》中的《山经》也是一部非常古老的地理作品。它是以晋（今山西）西南和豫（今河南）西为中心，以东西南北四个方位配合区划，以古代中国境内的五大区二十六列山岳为纲，在每一山岳下附记河流、地形、动物、植物等。《山经》还提到了大量的矿产资源，比如玉石、金、银、铜、铁、锡等。

秦汉时期，古代地学有了新的发展。西汉时期（公元前206—公元25年），张骞出使西域，了解了各国的地理位置、生活方式、自然地理状况，由此开辟了以长安（今陕西西安）为起点，经甘肃、新疆，到中亚、西亚，并联结地中海各国的陆上通道，被称为"丝绸之路"。

◆ 西汉胡人俑陶灯座，广州博物馆藏

丝绸之路的名字是怎么来的

丝绸之路，简称"丝路"，一般指陆上丝绸之路，从广义上讲又分为陆上丝绸之路和海上丝绸之路。

陆上丝绸之路起源于西汉汉武帝派张骞出使西域，东起长安（今陕西西安），经河西走廊，过玉门关、阳关，分南北两路到疏勒（今新疆疏勒）会合，越过葱岭（今帕米尔高原和喀喇昆仑山），然后又分南北两路。北上大宛（中亚费尔干纳盆地）和康居（锡尔河流域）到里海北岸；南下身毒（今印度），西行大月氏（阿姆河流域），经安息（今伊朗）转运到条支（阿拉伯半岛）和大秦（古罗马帝国）的陆上通道。

因为由这条路西运的货物中以丝绸制品的影响最大，1877年，德国地理学家李希霍芬在他的著作《中国》一书中，把"从公元前114年至公元127年间，中国与中亚、中国与印度间以丝绸贸易为媒介的这条西域交通道

◆ 敦煌壁画——张骞出使西域

路"命名为"丝绸之路",此后中外史学家都赞成此说,沿用至今。

"海上丝绸之路"是古代中国与外国交通贸易和文化交往的海上通道,该路主要以南海为中心,又称南海丝绸之路。海上丝绸之路形成于秦汉时期,在隋唐以前,它只是陆上丝绸之路的一种补充形式。但到隋唐时期,由于西域战火不断,陆上丝绸之路被战争所阻断,代之而兴的便是海上丝绸之路。到宋元时期,伴随着中国造船、航海技术的发展,中国通往东南亚、马六甲海峡、印度洋、红海,及至非洲大陆航路的纷纷开通与延伸,海上丝绸之路终于替代了陆上丝绸之路,成为中国对外交往的主要通道。

丝绸之路,犹如一条彩带,将古代亚洲、欧洲、非洲乃至美洲联结在一起。中国的四大发明、养蚕丝织技术以及丝绸、茶叶、瓷器等,通过丝绸之路传送到亚洲其他地区、欧洲和非洲的一些国家。同时,中外商人通过丝绸之路,将中亚的骏马、葡萄,印度的佛教、音乐,西亚的医药、天文、数学,美洲的棉花、烟草、番薯等输入中国。

丝绸之路不仅是中外物质交流之路,更是东西文化技术的交流之路,它对改善和丰富东西方人民的物质生活和精神生活,对整个人类的文明进程,影响极为深远。

魏晋南北朝时期,郦道元为《水经》作的《水经注》详细介绍了中国1200多条河流的发源、流经区域、支流汇入情况和河流的水文、变迁等,以及大量地貌、植被、土壤、物产、人口、交通、风俗、政区沿革、历史掌故等方面的内容,还首次提到石油这种矿产。

◆ 唐代彩绘伏羲、女娲绢画：头上是太阳，脚下是月亮，四周满布星座

唐宋时期，唐代玄奘所著《大唐西域记》极为详细地描述了唐朝都城长安以西的西北地区和中亚部分地区的自然人文状况；唐代天文学家僧一行在中国和世界上最早发起和组织了子午线实测；北宋颜真卿以实物证据论证海陆变迁，以及沈括对包括流水侵蚀、海陆变迁、华北平原成因、古环境变迁、植物地理分布等许多自然地理现象的科学观察和正确解释，无不体现出历史与地理学的不解之缘。

元明清时期，郑和七下西洋，加强了中国与东半球的国家间的联系，具有十分重大的地理和历史意义。明代的《徐霞客游记》和清代的《海国图志》显示了中国古代地学的发展和历史进程。

2. 古人如何认识世界

中国古代的地理思想与中国人的大地观、民族观、国家观、疆域观和文明观等都有直接联系。中国古人对于世界地理的认识途径有两种：一是从大地整体观念乃至宇宙观念进行演绎；一是以中国地域为中心向外推衍。中国本土的"天圆地方"大地观和"大九州"世界观正是这两种认识途径的绝佳代表。也因此，中国人并不排斥传入的其他文明世界地理观，如古

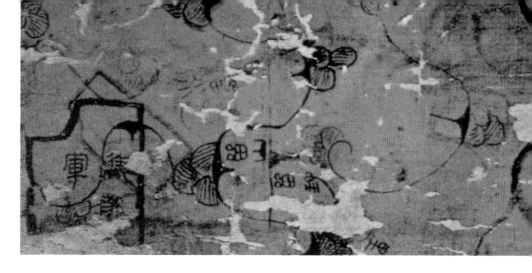

◆　世界最早的彩色军用地图——《驻军图》

印度的世界地理观、西方国家的地圆说，以及传教士带来的世界地理知识等，它们都在传入中国后得到了不同程度的传播。

军事地理思想是在自然地理与人文地理的基础上，研究军事战略与地理形势的关系。古今中外的军事家、政治家都注重军事地理。孟子曾说过："天时不如地利，地利不如人和。"这里的"地利"就是军事地理。

在中国古代的兵书中，从最初的军事与地形的关系，到对自然地理和人文地理乃至经济地理的关注，军事地理思想不仅在兵书中占主导性的地位，还从理论和实践两个方面都得到了长足发展。

此外，中国古代的军事地理思想"山川形便"和"犬牙交错"还是古代行政区划的重要依据，前者使政区与自然地理相一致，对于中央集权却是一个很大的弊端；后者则是吸取了前者的教训，用以防止地方割据，从而有利于中央对地方的控制。

到了明代，由于倭寇的进犯，明朝开始有了水陆并防的观念，发展出一些海防防御战略。到清代康熙时期开始有海防观念，提出了"海防为急务"的思想，并逐步形成海疆、海防、海战等概念，开始有巡守海岸和海上设防的纵深部署思想。

小九州与大九州有什么不一样

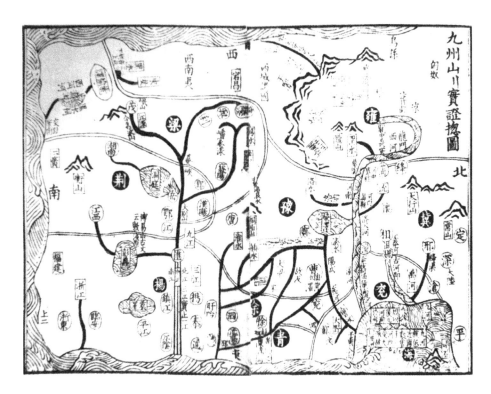

◆ 《九州山川实证总图》，选自《禹贡山川地理图》，作于南宋淳熙四年（1177年），描绘大禹治水成功后将天下分为九州。这是中国现存最早的雕版墨印地图实物，北京图书馆藏

说起中国的行政区划，最古老的一种划分法是九州，最早可能来源于大禹治水。《尚书·禹贡》记载大禹治水之后，将天下划分为冀、兖、青、徐、扬、荆、豫、雍、梁九州。大禹在建立夏朝之后，用九牧（九州之长）进贡上来的青铜铸成九尊大鼎，各鼎之上刻有各州的地理情况、贡赋定数，以及代表性风景、民俗传统等，成为天下九州统一的王权的象征。

彩图青少版中国科技通史

九州包括了当时中国最发达的中原地区、淮海流域，以及华北、西北、西南、中南地区。以春秋战国时的地理分布来看，越居扬州，楚居荆州，秦据雍州，齐有青州，秦、楚新开辟的陕南、川蜀为梁州，冀、兖、徐、豫是中原要地，分别为三晋、齐、鲁、郑、卫、宋等诸侯所有。实际上，九州说仅是先秦人的一种学说，并没有成为夏、商、周三代的行政区划制度。直到东汉末年，中国古代地方行政区划才由郡县两级转变成州郡县三级。

针对大禹的九州划分法，战国时代的齐人邹衍提出了一种全新的地理学说。邹衍是诸子百家中阴阳家的代表，他认为战国时期儒家所谓的九州，仅仅是指中国的国土而言，但这只是小九州。事实上，中国只不过是一个叫作赤县神州（又称神州）的大州，像赤县神州这样的大州，地球上还有八个，合起来叫作大九州。九个大州总计有八十一小州，其中每个小州为一个集合单位，有小海环绕；九个大州另有大海环绕，再往外是天地的边际。

3. 古人怎么绘制地图

中国最早的地图出现在上古时期的岩画之中，如云南岩画、新疆岩画、内蒙古岩画等，画中有山、道路、村庄等地理景观。关于地图的文字记载最早出现在西周青铜器铭文中，如宜侯夨簋中的交通图、散氏盘中的地界图等。另外，战国时期的《管子·地图》篇是最早专门论述地图内容的专篇文献，文献中介绍了早期地图尤其是军事地图的主要内容。

《周礼》给出了中国最早的系统地图分类，主要有：天下之图、九州之图、土地之图、金锡玉石之地图、兆域之图、邦墓之图等。其中不少种类的地图在秦汉时都出现过。汉代则发展出了较为准确的地形图、军事地图和城市地图。

中国最早最完整的古代制图理论是晋朝裴秀提出的。裴秀，西晋司空，河东闻喜（今山西闻喜）人。据《晋书·裴秀传》记载，裴秀主持了《禹贡地域图》（18篇）的编绘，提出了"制图六体"，也就是绘制地图应该具备和解决的六大要素，包括分率（用以反映面积、长宽之比例，也就是现在的比例尺）、准望（用以确定地貌、地物彼此间的相互方位关系）、道里（用以确定两地之间道路的距离）、高下、方邪、迂直（这三要素用以说明各地间由于地势起伏、坡度缓急、山川走向的不同，制图时应改化为两地间水平面上的直线长度）。这六大要素是相互联系和制约的，只有将它们加以综合运用，才能绘制出比较科学的地图。这是中国地图绘制的最系统的理论，也是西方近代测绘学传入以前中国传统测绘学唯一的理论体系，因此后人称裴

◆ 《晋书·裴秀传》记录的"制图六体"理论

秀为"中国地图学之父"。

与"制图六体"同时出现的"计里画方"制图法同样出自裴秀。计里画方是按比例尺绘制地图的一种方法。绘图时，先在图上布满方格，方格中边长代表实地里数，然后按方格绘制地图内容，以保证一定的准确性。

唐宋时期是中国传统地图发展的高峰期。现在知道的较为详细的世界地图是唐代贾耽绘制的《海内华夷图》，该图注重外域，并遵循了裴秀所

◆　南宋《华夷图》，这是唐代贾耽《海内华夷图》的缩刻本

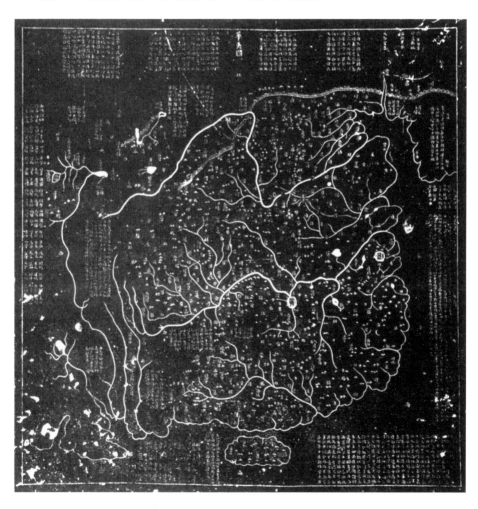

提的"制图六体"，还用红笔标注了古今地名。南宋期间刻制的现存最早的世界地图《华夷图》可能也是以该图为底图编制的。两宋期间，中国的地图绘制水平达到了巅峰。中国现存最早的地图集、全国行政区划图、计里画方地图、世界地图、印刷地图、方志地图，以及现存最精确的碑刻城市地图、现存最大的石刻城市地图都绘制于北宋、南宋期间。其中，现存最早的计里画方地图《禹迹图》更是当时世界上最杰出的地图。

宋代释志磐撰写的《佛祖统纪》中的《汉西域诸国图》和《西土无印之图》，是现存最早的印度地图。前者是一幅交通地图，突出了自敦煌沿蒲昌海岸（今新疆罗布泊）通往中亚、西亚，直至西海（今地中海）的交通路线；后者则绘制了西域诸国、中亚、东南亚和印度洋沿岸一些国家和地区的地名。

◆ 汉西域诸国图

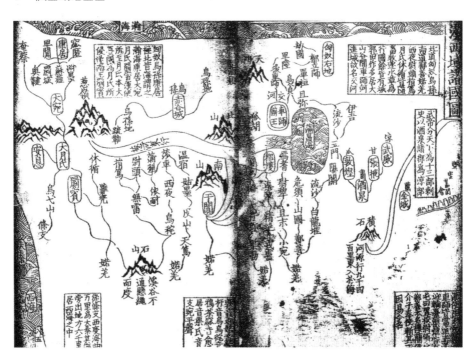

元代的《经世大典地理图》是现存唯一的蒙古绘法地图，它的绘制特点与中国传统绘法不同，可能受到过阿拉伯的影响。

绘于明洪武二十二年（1389年）的彩绘绢本《大明混一图》是现存最大的世界地图，图中所绘地理范围东起日本，西达欧洲，南括爪哇，北至蒙古，是迄今为止所能见到的最早绘有欧洲与非洲的地图。

明宣德年间的《郑和航海图》是中国史上少有，也是现存最完整的航海图，表现了宣德五年（1430年）郑和第七次下西洋的航海线路及沿途地理情况。该图属于针路图系统，注有针位、更数、航道深度和航行注意事项。此外，该图较为特殊的一点是，不同航段的方位多有变化，如从宝船厂到长江口这一段是上南下北，出了长江口则变成上北下南，过了孟加拉湾又变成上东下西了。

明代嘉靖年间罗洪先所编的《广舆图》是受元代地图影响至深而又深

◆ 明代嘉靖年间《广舆图》舆地总图（局部）

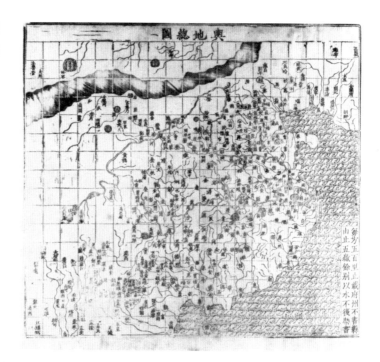

◆ 意大利传教士利玛窦绘制于明代万历三十年（1602年）的《坤舆万国全图》

刻影响西方的地图集，它继承并发扬了中国传统的计里画方绘图方法，增加了元明以来的重要地图，并制定了二十四种图例符号，使得每幅地图的准确度和清晰度都提高了一大步，是中国最早的一部内容丰富、编制严整、刻印精美的综合性地图集。该地图集由于其较高的科学性和实用性，在国内外的影响都极为深远。如果说《广舆图》是中国最早的综合性地图集，那么清代魏源所著的《海国图志》就是中国第一部大型的世界地图集。

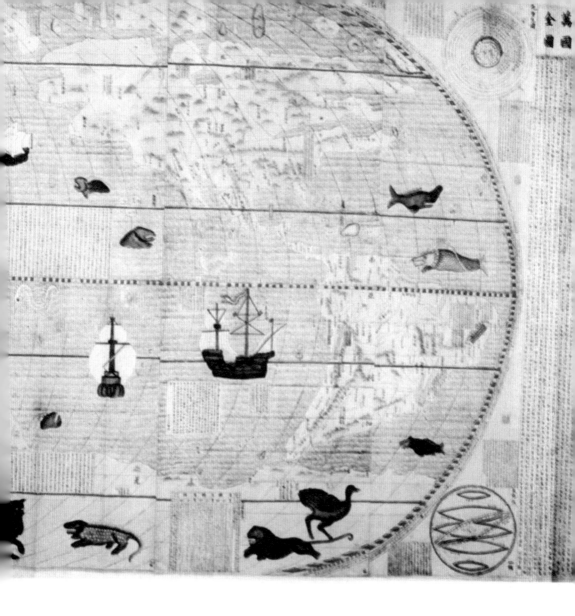

该书主要辑录中外有关著作并以介绍世界地理知识为主。

明万历三十年（1602年），意大利传教士利玛窦《坤舆万国全图》的传入，标志着西方的地图绘制理论与方法开始传入中国。

明天启三年（1623年），传教士阳玛诺和龙华民在北京制成一个彩漆描绘的木质地球仪，对于世界主要大陆、半岛和岛屿的绘制都达到较高水平，是现存最早的在中国制作的用中文注记的地球仪。

清朝康熙皇帝对自然科学有着浓厚的兴趣，他发现西方国家的测绘方法更先进、质量更高，因而责成钦天监等部门与以法国人为首的一批传教士运用西方近代测绘方法测量并编绘全国地图。

此次大规模测量开始于康熙四十七年五月十七日（1708 年 7 月 4 日），完成于康熙五十六年（1717 年），最终于康熙五十七年（1718 年）形成了一幅全国总图——《皇舆全览图》。该图是清代中后期编制的全国地图的蓝本，也是当时中国相关部门与来华的欧洲传教士合作绘制的亚洲和中国地图，在地图测绘史上有着重要地位。

此后，雍正、乾隆年间，清朝政府又多次组织地图测绘，并利用国内外新资料，对《皇舆全览图》进行了补充和修订。

康乾期间的全国性地图测绘使中国登上了世界地图测绘史上的一个新高峰。到光绪年间，清政府再次组织全国范围的地图测绘，形成了《大清会典舆图》，是中国人第一次依靠自己的专业技术人员独立运用新法测绘全国地图的成果。

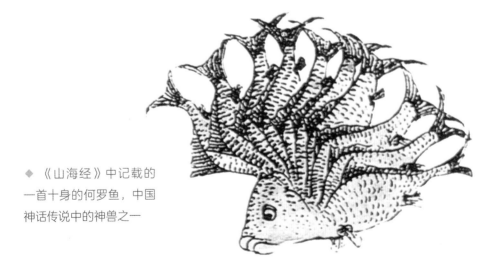

◆ 《山海经》中记载的一首十身的何罗鱼，中国神话传说中的神兽之一

中国国名的由来

在中国科技史上，有一个非常重要又常常被人们所忽略的概念——地中概念。人们忽略它，是因为它在科学上是错误的，似乎不值一提。但它在中国历史上却发挥了重要作用，它不但是古人宇宙结构理论的重要组成部分，而且在古代天文、大地测量方面发挥了巨大的作用。对有关地中问题的关注，影响了中国古代天文学的走向，促成了中国天文学史上一些重要事件的发生。不仅如此，它还对古代都城的选址，对中国人某些心态的形成，甚至对中国国家名称的形成，都发挥了重要作用。在中国河南省登封市，有一个名列联合国世界文化遗产的"天地之中"历史建筑群，就是地中概念的见证之一。

⌘ 1. 中国是世界的中心吗

地中概念的产生，与古人对天地形状的认识有关。早在先秦时期，中国古人就产生了天圆地方的观念，认为地是平的，同时，那时的人们还认为天地都是有限的。既然地是平的，大小又有限，那么大地表面当然有个中心，这个中心就是地中。既然如此，那么地中具体在什么地方呢？对此，古人有不同的解答。最初的解答都是带有传说色彩的。

一种说法是从原始宗教观念出发，认为众神借以攀缘登天的建木所在地就是地中。古人认为天地相通，建木就是作为天地通道的其中一种大树，它还具备一些与地中特征相符的天文、物理特征："日中无影，呼而无

◆　昆仑山是中国古代传说中的神山，为万山之祖

响。"以现代天文学的知识来看，日中无影这种天文现象，只会在地球上的南北回归线之间的区域发生。先秦时期，中国古人的主要活动区域集中在黄河流域，要观测到这一天文现象几乎是不可能的，所以，这种说法的来源至今尚不太清楚。

　　另外两种具有传说色彩的地中观念，分别是须弥山地中说与昆仑山地中说，认为须弥山或者昆仑山是地中。前者所称的须弥山不是中国现实中的山，只存在于佛教经典之中，是佛教有关天文地理知识的一个重要学说。后者所称的昆仑山倒是中国本土的山，是盖天说学者心目中的地中。但这两种地中说都没有对中国古代天文学和社会的发展产生多大的影响。

　　在中国历史上留下更大影响的是洛邑地中说与阳城地中说，它们之所以被认为是地中，除了因为一定的天文地理特征之外，还有着政治文化等因素的影响。

首先是洛邑地中说。就地理位置而言，洛邑，即今天的洛阳，地处北纬34.5度，在远古时代，这里十分适宜先民生存、栖息，是古代文明的发祥地之一。远古时代，人们社会活动范围小，因而往往会产生一种感觉，认为自己居住的地方就是天下的中心。因此，文明发源相对较早的地区就更容易被认为是地中。

古人以洛邑为地中的另一个重要原因就是周公在辅佐武王伐纣后，将周的都城定在了洛邑。周公历来被儒家奉为政治上的楷模，因此，周公定

◆ 河南登封中岳嵩山

都洛邑无疑为洛邑地中说罩上了一层神圣的光环。

其次是阳城地中说。阳城即今河南登封告成。在历史上，阳城是大禹所定的国都，也是后来夏的国都，这是阳城的政治含义。阳城还是周公所测出的地中，尽管他最后把都城定在了洛邑。另外，阳城紧临嵩山，而在古代社会，嵩山被认为具有作为沟通天地的通道的功能。

阳城本身具有丰富的政治文化含义，又与天文学上对地中的测定标准相符，因此是一部分天文学家所认可的地中，在中国天文学史上占据了极其重要的地位。自西周以后，历代都有天文官在这里进行天文观测，或运用这里的观测结果编制历法。著名的有汉代的落下闳、张衡、郑玄，南朝的祖冲之，隋代的刘焯，唐代的僧一行，元代的郭守敬等。

阳城地中说与洛邑地中说各有所据，因此这两种说法在后世均有人信奉。一般来说，在理论上赞成阳城地中说的人要多一些。但在实际测量时，由于受到诸多条件的限制，人们更愿意选择在中心城市内进行，这就是历史上在洛阳有不少测影记录的缘故。

◆ 《隋书》记载，周公在阳城用土圭测度日影

2. 华夏的中心在哪里

前文提到了各种各样的地中说，历代的天文学家也不断尝试对地中进行测定，那么地中位置的测定依据和方法到底是什么呢？

最早的有可操作性的定义是《周礼·地官司徒》里提出的"日至之影，尺有五寸，谓之地中"，意思是在天地的中心，夏至那天的中午，八尺表的影台影长，刚好是一尺五寸。但若真的按这一定义去寻找地中，就会发现，符合这一条件的地点有无穷多个。这是因为大地实际上是个圆球，同一时间在同一纬度上进行测量，所得的影长必定是一样的。因此，要依据这一点来判定地中是十分困难的。

到了南北朝时期，祖冲之之子、大数学家祖暅（读 gèng）发明了一套通过立竿测影来推定地中的方法，他把时空联系起来，通过时间判定空间，进而确定地中位置。

祖暅的方法是这样的：在地平大地观中，东西方向是唯一的，南北方向也是唯一的，这样两个方向的交叉点就是地中。祖暅根据漏刻提供的时间来判定日中之时，然后以日中时刻的日影方位与夜晚天北极方位相比对来确定正南正北方向。同时，根据春分秋分时太阳的出没方位可以确定正东正西方向。这样，东西南北两个相互垂直的方向确定以后，它们的交点就是地中的具体方位。这种做法抛开了传统的以夏至影长一尺五寸处为地中的定义，几何图景鲜明，立论严谨，从数学上看无懈可击，因而获得了后世的认可。元初天文学家赵友钦就曾精心简化过祖暅的测量方法。

尽管祖暅的方法在数学模型构造上十分严谨，但它的前提——大地是平的——是错误的。因此，如果真正用这一方法进行测量，会发现处处皆是地中。事实上，在中国历史上，任何企图通过实测来确定地中的做法，都是不切实际的。

但是，古代地中位置准确与否，直接影响到对历法的制定，为此，古人不得不持续地对地中概念进行探讨，但从数学上看，祖暅的方法已经不可逾越了，因此，古人开始从更根本的层面上考虑这一问题了。

3.地中概念在历史上发挥了什么作用

地中概念在中国历史上发挥作用，首先表现在天文学史上，且突出表现在浑天说和盖天说的争论（简称浑盖之争）中。浑天说和盖天说是中国古代天学中具有实用价值的两个重要学说，这两者曾进行过长达数百年的争论，地中概念在这场论争中发挥了一定的作用。

相对于浑天说而言，盖天说产生的时间要早一些。盖天说主张天地形体相似，两者分离，天在上，地在下。它认为北极之下为天地之中，那个地方地势最高。因此，它拒绝以人世社会中心所在地为地中的洛邑地中说，而更支持昆仑山地中说。

浑天说出现于西汉中期。汉武帝时，为制定《太初历》，朝廷组织了一批包括民间天文学家在内的制历人。在这批人中，司马迁是盖天家，而民间天文学家落下闳等人则是浑天家，他们在制历过程中产生了严重分歧，这就是由制定《太初历》所引发的浑盖之争。

浑盖之争一开始就集中在与测量有关的问题上。司马迁等人所用的观测手段是"定东西，立晷仪，下漏刻，以追二十八宿相距于四方"，也就是盖天说的立表测度法。而落下闳等人则依据浑天说，用其发明的早期浑仪，"为汉孝武帝于地中转浑天，定时节，作《泰初历》。""转浑天"，就是用浑仪测天。地中概念就这样登上了浑盖之争的历史舞台。在地中测天，可以做到"日月星辰，不问春秋冬夏，昼夜晨昏，上下去地中皆同，无远近"。也就是说，地中是进行天文测量的理想地点，在地中进行测量，符合比例对应测量的要求，结果也最具权威性和参考价值。因此，落下闳通过在地中进行的测量，为浑天说战胜盖天说奠定了基础。这就是地中概念在浑盖之争中发挥的重要作用。

4. 第一次天文大地测量发生在什么时候

前面说到过，地中的定义是"日至之影，尺有五寸"的地方。那么，为什么会有这种定义？这是因为，在古代传统中有这样三个认识前提：一是认为太阳在大地的最南端正上方一万五千里处；二是认为从大地最南边到地中有一万五千里；三是认为以八尺高的竿在夏至测影时，从正南到正北，每隔一千里，竿影就会长一寸。在这样的前提下，可知在最南端的日下测影时，影长为零，那么在地中测影时，正好相隔了一万五千里，那么影长就是一尺五寸了。

但即使运用祖暅的方法，也测不出地中的具体位置，这一现实，使得人们开始怀疑起千里一寸的传统认识。隋代天文学家刘焯就提出过应该通过实测来重新确认千里一寸是否属实。最终他的建议未被采纳，但引起了学术界的重视。唐代李淳风也对千里一寸的说法提出了自己的怀疑。

到了唐开元年间，在僧一行的组织下，中国历史上的第一次天文大地测量终于得以实施。当然，这次测量的目的是想要通过大规模的实测来确定地中的准确位置，但测量结果却发现了一些浑天说和盖天说均不能解释的现象，而且这次测量也否定了传统上"地隔千里，影差一寸"的说法，也使人们想要通过实地测量确定地中位置的想法破灭。唐代之后，中国历史上仍有几次天文测量，但都不再以求得地中为目的了。

（本章执笔：胡晗博士）

四大发明与天学、地学

中外科学技术对照大事年表

（远古到 1911 年）

地 学

巴门尼德（Παρμενίδης，Parmenídēs）根据理论演绎，首先提出纬度带即气候带的思想

公元前 6 世纪　　　**1 世纪上半叶**

斯特拉波（Στράβων，Strabo）著《历史学》43 卷和《地理学》17 卷，后者开西方区域地理学先河

窦叔蒙写成第一部潮汐学专著《海涛志》

颜真卿根据化石论证沧海桑田的存在

762—779 年　　　**8 世纪中叶**

相当于今天的新疆喀什地区的马哈茂德编纂的一部突厥语辞典里明确表达了大地为圆球的观念

9 世纪初　　　**10 世纪末**

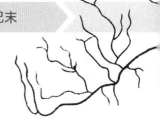

贾耽绘制《海内华夷图》（801 年），宽 3 丈（约 7.4 米），高 3 丈 3 尺（约 8.1 米），是古代中国尺幅最大的地图，范围东起日本，西南至印度河流域，比例尺约为 1:1500000，是第一幅标明比例尺的古代地图

第一部全国地理总志《元和郡县图志》成书

班固开始编撰中国第一部断代史《汉书》，其中首创的许多栏目体例被后代史书遵从，包括《地理志》

张衡发明候风地动仪，以精铜制成，根据落丸龙首位置即可确定地震方位

1 世纪中叶　　　　**1 世纪、2 世纪之交**　　　　**132 年**

马林诺斯（Μαρῖνος，Marĩnos）著《世界地理图之修订》，用数理天文学改进波塞多纽的著作

6 世纪初　　　　**公元前 3 世纪下半叶**

郦道元在桑钦《水经》基础上著水道专著《水经注》。《水经注》所记水道 1252 条，并描述河流流经地区的各种情状；记载峡谷近 300 处，瀑布 60 处，湖泊 500 多处，泉水和地下水 300 多处，古都 180 座，城邑 2800 座，桥梁约 100 座，津渡近 100 个，涉及的地名约 20000 个；介绍了 13 个民族的语言、风俗，有些还指明地理分布及与其他民族的关系和影响

埃拉托色尼著《论地球的测量》，得出古代最准确的地球周长测量值，并认为地球是椭圆体；发现黄赤交角的两倍是 47.7°（准确至 1%），编制了包含 675 颗恒星的星表；著《地理学》一书，首次将天文观测结果用于测定地表位置，提出绘制地图要结合经纬度的测定，提出根据纬度来划分气候带

10 世纪末—11 世纪初

阿尔·比鲁尼（Al-Biruni，曼苏尔的学生）随军游历印度，著包罗万象的《印度》一书；推得地球半径 6339.6 公里（和现代测量值差千分之五）

燕肃撰《海潮论》，结合十多年的观测成果，对宁波沿海的潮候情况做了详细推算，精确计算出当地每天海潮涨落的时间，可精确到几刻几分

《坤舆万国全图》，所据利玛窦绘本，最早采用西方地图投影

11 世纪初　　　　1136 年　　　　1602 年

现存最早的计里画方地图《禹迹图》刻石绘制完成

阿加西全面阐述冰期学说，成为冰川学奠基人

1841 年　　　　1840 年　　　　1830—1833 年

法正林（Normal forest，指永续利用的古典理想森林）理论发展为完整学说，表明人类具有恢复森林的能力

赖尔《地质学原理》出版，为近代地质学奠定理论基础；其地质学的部分内容在晚清时通过《地学浅释》被译介到中国

福布斯发表《英国海洋生物分布图》，开创海洋生物地理学研究

在德国杜塞尔多夫附近发现尼安德特人遗骨

1848 年　　　　1850 年　　　　1856 年

华莱士创立动物地理学，实际上包括了动物在被环境隔离后各自分化的趋势，促使达尔文发表进化论

哈雷发表信风图，描绘热带东北信风、东南信风基本特征

库克船长进行三次海洋科学考察，完成首次环绕南极大陆的海上考察，调查南极冰冻圈的范围，证实南极大陆的存在；发现了复活节岛、社会群岛等岛屿

1686 年　　　　1747 年　　　　1768—1779 年

布拉德雷确认月球对地球赤道隆起部分作用产生的地轴章动

《徐霞客游记》首次刊印

1776 年

维尔纳提出岩石成因的水成论

1822 年　　　　1788 年　　　　1787 年

曼特尔发现恐龙化石

地质学家赫顿发表《地球的理论》，提出岩石成因的火成论，产生了"运动的地球"观念，为现代地质学的产生奠定了基础

奥尔德姆证实地核的存在

1868 年　　　1895 年　　　1906 年　　　1910 年

南森完成北冰洋探险之旅，证实北极处是海洋

张相文编辑出版中国最早的地理学期刊《地学杂志》